AUTHOR
INTRODUCTION

- 中国科学院研究生院　MBA 企业导师
- 原北京大学精细化管理研究中心　研究员
- 四川大学文化产业研究中心　研究员
- 北京博士德管理顾问有限公司　高级管理顾问

　　曾作为安全专家受原国家安全生产监督管理总局邀请在人民大会堂举行的"安全发展"高层论坛发表演讲。曾多次应政府机关、部队、院校、企业邀请，授课辅导，提供咨询顾问服务，广泛传播安全理念、方法和工具。自 2007 年开展培训以来，其经典课程"安全永远第一""本质安全管理"等培训近两千场次，学员达数十万人。

　　出版有《生命第一：员工安全意识手册（12 周年修订升级珍藏版）》《第一管理：企业安全生产的无上法则（全新升级版）》《安全精细化管理：世界 500 强安全管理精要》《压实安全责任：原理·实务·工具》等多部安全管理专著，其中《第一管理》首次印刷就达 10 万册，并多次重印再版，创造了专业书籍变为畅销书的奇迹。

祁有金

安全管理专家，长期从事中国石油化工集团有限公司海外业务安全生产管理工作，主要著作有《第一管理：企业安全生产的无上法则（全新升级版）》《安全精细化管理：世界500强安全管理精要》《第一意识：铸造安全管理的红线》。

AUTHOR INTRODUCTION

第一管理

FIRST MANAGEMENT

安全生产无上法则

祁有红　祁有金 —— 著

企业管理出版社

ENTERPRISE MANAGEMENT PUBLISHING HOUSE

18周年
修订珍藏版

图书在版编目（CIP）数据

第一管理：安全生产无上法则：18周年修订珍藏版 /
祁有红，祁有金著 . -- 北京：企业管理出版社，2024.5

ISBN 978-7-5164-3057-6

Ⅰ . ①第… Ⅱ . ①祁… ②祁… Ⅲ . ①企业管理—安
全生产 Ⅳ . ① X931

中国国家版本馆 CIP 数据核字（2024）第 076512 号

书　　名：第一管理——安全生产无上法则（18周年修订珍藏版）

书　　号：ISBN 978-7-5164-3057-6

作　　者：祁有红　祁有金

策　　划：朱新月

责任编辑：解智龙　刘　畅

出版发行：企业管理出版社

经　　销：新华书店

地　　址：北京市海淀区紫竹院南路 17 号　　邮　　编：100048

网　　址：http://www.emph.cn　　　　　　电子信箱：zbz159@vip.sina.com

电　　话：编辑部（010）68487630　　　　发行部（010）68701816

印　　刷：北京科普瑞印刷有限责任公司

版　　次：2024 年 5 月第 1 版

印　　次：2024 年 5 月第 1 次印刷

开　　本：710mm×1000mm　　1/16

印　　张：15.25 印张

字　　数：183 千字

定　　价：58.00 元

第 3 版前言
PREFACE

  《第一管理》出版以来，由于读者的厚爱，不仅多次重印，也一版再版。在第一版时，时任国家安全生产监督管理总局新闻发言人黄毅先生代表政府最高安全监管部门作序。在升级版发行时，加入了再版前言。此次与时俱进，增删出新的版本，如再写前言，太多，累赘；不写吧，又不符合惯例。于是，就有了这篇导读代前言。

一、祁氏之问

  为什么同样的制度，同样的技术，同样的设施，有人平平安安，有人事故不断？

  ——我们在《第一管理》最初出版时，就提出了这样的疑问。

  《第一管理》出版不久，读者就给我们总结了个"祁氏之问"。大家反映，说起安全管理，很多单位只是定制度、练技术、修设备，却往往忽略了更重要的安全责任、安全意识和安全意愿。

  正是基于这样的现实，《第一管理》在搞定制度、技术、设施的同时，还传播"新安全观"，倡导"安全责任教育"，解剖"情感安全管理"，提倡"自主安全管理"，推广"安全自助训练"，强调把"人"作为安全的决定因素，塑造"主动安全精神"。

二、新安全观与无上法则

  安全管理是什么？是第一管理。安全监管部门是什么？是企业的要害部门。

安全是什么？是企业做所有管理工作的底线。不安全就无法从事任何工作。

事故预防能赚钱？是的。

所有事故都能预防？没错。

"物"的安全状态靠工程，"人"的安全行为靠程序，管状态更要管行为。

管事故管不好安全，管事件管得住事故。

管理人员对于事故预防有直接责任，所有员工必须对自己的安全行为负责。

遵章守纪只是最低标准，自发的安全精神才是追求目标。

新安全观，换个角度看，就是无数血泪浇灌出的无上法则——

安全管理是企业生存的第一管理；

安全问题是企业发展的第一大事；

安全生产是企业员工的第一责任！

用一句话概括，就是——

安全否决一切！

三、最新版和前两版的不同之处

形式与时俱进。为照顾读者碎片化的时间，在秉承"深入浅出，通俗易懂"宗旨的基础上，删除大段陈述，全面进行改写，对安全管理，特别是安全文化的理论进行尽可能轻松幽默的解读，给读者带来更好的阅读体验。

内容整合重组。根据读者需求的迫切性，对内容进行了大幅度增删，并且按照逻辑连贯性调整了原有章节的顺序。第二版删除了有关安全机构的内容，但从实践中看，不少企业安全机构的地位仍然没有很好地解决，所以，这一版对这一问题再次进行了强调。同时，为适应企业开阔视野的需要，每一章都新增了"参阅"部分，展示安全管理的方法、工具。结合我们在第二版出版以来从事安全管理咨询、深入企业调研获得的新体会，对各章节的内容进行了修订和补充。

四、阅读本书，你将看到

企业未必一直有好的效益，可能会持续亏损，可能还会接受补贴度日，但是绝对不能事故频发、污染严重！

安全环保成为继产品质量、知识产权之后的又一道市场壁垒。

为什么同样的制度，同样的技术，同样的设施，有的单位平平安安，有的单位事故不断？

人是安全的决定性因素。

岗位是企业中安全责任的主体。企业里有我的岗位，企业安全我负责！

哪一个企业落实了安全责任后还会出现事故？没有，绝对没有！

安全文化就是执行文化。强化执行，每一百万次作业不得超过3.4次缺陷，即6Sigma；完全照程序去做，出错的概率会下降到百万分之一。

通过负责意识的普及、科学管理方式的推广，让安全在更高的水平上保持"常态"。

"会停止"才能够"跑得更快"，"能安全"才可以"走得更远"！

谁安全，谁生存；谁安全，谁发展；谁安全，谁幸福！

CSO、责任合体、事故源头、管理流程、妈妈制度、路线图、蝴蝶效应、员工演戏、情感定律、工具模板……

更多内容，期待您的发现！

第2版前言
PREFACE
▽

我们将《第一管理》定位为：融汇业界管理成果，教干部学方法；结合个人切肤之痛，让员工明责任。

从社会反响来看，我们已经达到了当初的目的。

政府部门、新闻出版机构等社会各界对于本书投入了极大的热忱。《第一管理》由北京出版社首印10万册推向市场，且一再重印，受到当时国家安全生产监督管理总局、山西省政府的高度重视，作者应邀在国家"安全发展"高层论坛上发表演讲，山西省政府组织《第一管理》交流研讨会。本书的出版引起了新闻媒体的关注，新华社播发专稿，《人民日报》盛赞"为中国安全生产提供新的答案"，《光明日报》使用了"《第一管理》提升企业安全管理水平"的标题，北京电视台组织作者专访在新闻时段播出。经济类、行业类、出版类等平面媒体争相报道。新浪网、搜狐网等著名网站连载部分章节推荐，炎黄中文网等文学网站也选载本书内容。新浪网还邀请作者做客"名人堂"，与广大网友交流。

读者的反应，让我们看到了中国社会对于安全健康的热切追求。《山西经济日报》用照片形式报道了读者排队争相购买的盛况。《第一管理》还在读者的支持下，进入《中国图书商报》图书排行榜、《新华书目报》各大书城排行榜等媒体畅销书排行榜。这说明，安全教育只要找到好的表现方式，员工就会乐意接受。

用国际先进管理实践解决本土企业的现实需要，在企业界人士中获得共鸣。宝山钢铁股份有限公司（以下简称宝钢）要求全公司把安全管理作为企业的第一管理，云南电网有限责任公司德宏供电局人手一册，阅读后组织"大家谈安全"，中煤第五建设有限公司郓城项目部每月安全办公会、中冶天工集团有限公司上海分公司党委中心组学习会每次学习一个章节，讨论一个安全问题。很多企业将员工写的读书心得体会编辑成册或上传到局域网供员工再学习。"安全管理是企业第一管理"的观点频繁出现在企业领导的讲话和各类文件上。

很多企业和岗位员工已经把书中的理念运用到管理中。朱仙庄煤矿灌输安全理念，推行自主管理模式，截止到《淮北矿工报》报道时未发生一起轻伤以上事故。国家电网江苏省电力有限公司启东市供电分公司工会委员会向职工推荐本书，发起"企业有我的岗位，企业安全我负责"的安全条幅签名活动，推广自主管理。安全责任意识开始融入企业员工心中，据报道，新疆塔河油田采油二厂的一位青工被任命为安全管理员时，就是用《第一管理》里的话向组织作了保证。

更让我们感到欣慰的是，《第一管理》架起了两岸三地的桥梁。在繁体字版未获授权的情况下，中国台湾地区三大书店都在销售本书的简体字版，在中国台湾"有卖网"、中国图书网（中国台湾）等网上销售，最低227新台币，最高卖到360新台币。按照当时1元人民币兑换4.339新台币计算，本书在中国台湾地区竟然卖到了相当于大陆地区两三倍的高价。中国香港特区政府安全部门邀请作者前往交流，特区劳工处赠予作者反映现代安全管理理念的特别礼物以示敬意。

"送礼送安全"，《第一管理》已然成为馈赠的礼物。车集煤矿矿长给副科级以上管理人员赠送的礼物，被中国煤炭新闻网称为"厚礼"的就是《第一管理》。攀钢集团工程技术有限公司修建分公司给党员示范班组奖励的奖品，也是《第一管理》。贵州省桐梓供电局工会还特意将《第一管理》系上红丝带，送到各基层班组。送去的虽然是一本书，但寄托了企业对员工生命健康的无限关爱之情。

愿安全与各位同在！

第 1 版前言
PREFACE

新安全观，你不能不知道的血泪法则

一、安全管理，管理的位置占几分

我们常说安全管理，但是大多企业注重的只是安全的工程性质，而非管理性质。在职称序列里，有安全工程师，没有安全管理师。在大学里，企业管理专业没有安全管理课程，安全知识被放在了人力资源或作业管理课程中；想较为全面地学习安全管理知识，要到安全工程专业去学。安全牵涉的不仅是安全工程，还要考虑人力资源、投资管理、质量管理、法律责任等。

二、新安全运动与新安全观

早在 20 世纪 60 年代，发达国家在事故高发期发起了各自的第一次安全运动。美国公路安全运动推动美国国家公路交通安全管理局的诞生和美国联邦安全性能标准的颁布。日本自发布《第一次交通战争宣言》后，又在工业生产领域开展"5S"即"五常法运动"，发起"零事故运动"，增强了国民的安全意识。美国、日本的全民运动经验，引来事故多发国家的效仿。欧盟的道路安全运动和英国的工作场所"注意脚下"安全运动，都取得了显著成绩。

我国在进入事故高发期后，政府、媒体、社会各界都在关注安全，各方力量共同交汇成一场安全运动。这场有别于唤醒安全意识、突出安全技术的安全运动，被企业界称作"新安全运动"。"新安全运动"旨在倡导新的安全观：安全是企业经营管理中第一位的大事，安全生产管理部门是企业的第一部门；安全是人力资源、投资管理、运营流程等一切经营管理行为的否决标准；管事故管不好安全，管事件管得住事故。所有事故都可以通过管理预防；事故预防可以产生效益，安全是最大的财富，人的伤害是最大的损失；管理人员对于事故预防有直接责任，所有员工必须对自己的安全行为负责。

三、企业安全，怎么负责

从企业内部来看，多数企业勇于承担安全生产的责任，企业负责人在安全面前战战兢兢，如履薄冰，甚至"下班听不得电话响，半夜害怕敲门声"。其实，最应该懂得珍惜生命的是员工自己，可是，一些员工竟然认为安全责任有领导扛着，从而放弃了自己的安全责任，违章操作，违规作业，致使隐患不断，事故频发。

责任上移的结果，就是基础不牢。习近平总书记多次强调"基础不牢，地动山摇"。

安全管理责任缺位，是现阶段需要首先解决的问题。问题的关键是，如何才能让每个人真正地负起责任？新安全运动是在此基础上，通过管理手段对安全责任意识持续强化，解决的是人为因素，探讨负起安全责任的思想和方法，使系统工程所分析的安全工作，事事有人负责，环环有人负责，必将把安全管理推向一个新的高度。

请记住：会刹车才可以驰骋千里，讲安全方能够幸福一生。

序

（国家安监部门新闻发言人评价节选）

时任国家安全生产监督管理总局新闻发言人　黄　毅

阐述安全生产管理的一本力作——《第一管理——企业安全生产的无上法则》，它必将对我国安全文化建设起到积极的推进作用。为此，我们对这本书的出版发行表示祝贺，感谢作者及所有编辑人员为此付出的辛勤劳动，并借此机会也对所有关心支持安全生产工作的新闻出版界的朋友表示衷心的感谢。

安全生产事关人民群众生命财产的安全，事关改革发展稳定的大局，党中央国务院始终高度重视。党的十六届五中全会第一次创造性地提出"安全发展"的理念和指导原则，这是我们党对科学发展观认识的深化。党的十六届六中全会又进一步把安全生产作为群众最关心、最直接、最现实的问题，纳入构建和谐社会的总体格局。我们国家经济社会发展的第十一个五年规划纲要中，第一次将安全生产纳入专篇，并把亿元 GDP 死亡率、工矿商贸从业人员 10 万人死亡率两个指标纳入我国经济社会发展的总体目标体系中去。

在党和政府一系列方针政策的指引下，通过全国上下的共同努力，我国安全生产状况呈现出总体稳定、趋向好转的发展态势。但是，由于我国正处于工业化快速发展时期，生产力水平不平衡，加之基础薄弱的因素，我国安全生产形势依然严峻，事故总量居高不下，事故造成死亡的人数仍然较多，重特大事故仍时有发生，煤矿等一些重点行业事故频发的状况没有根本扭转。所以，安全生产仍是任重而道远，实现安全生产状况的根本好转仍需长期努力。因此，我们提醒各级政府、各级安全生产监管部门、各单位、各企业要警钟长鸣，警示高悬，长抓不懈。

要实现全国安全生产状况稳定好转的目标，需要全社会的共同努力，尤其需要我们通过加强安全文化建设来强化人们的安全意识，落实安全生产责任，营造全社会关爱生命、关注安全的舆论氛围。

我想，在这种情况下，《第一管理——企业安全生产的无上法则》一书的问世，对于强化人们的安全意识、普及安全生产知识、落实安全生产责任、强化企业安全管理基础必定产生积极的影响。我们希望每一个从事安全生产管理的同志都应从本书中受到启迪和教育。我们期待有更多更好的有关安全生产方面的专著问世。

第3章

岗位负责新主张，
管理机制来护航——新安全运动

第5章 085

风险无须害怕，
教你玩转文化——安全文化

第6章

107

只有不到位的执行，
没有抓不好的安全——组织氛围

第8章　　　　　　　　　　　　　　　149

为安全尽心，
免亲人伤心——情感管理

第9章
169

想安全，
还要会安全——技能培训

第1章

安全管理哪家强？
美欧日模式大比拼——管理新知

1 正视差距，要向美欧日看齐

1.1 正视差距

要么自我感觉良好，自信满满，没有把安全放在心上；

要么自己吓自己，每天战战兢兢，甚至夜不能寐。

生产现场的客观情况究竟如何，一些管理者往往心中没数。

造成这一现象的原因，是管理理念和方法上过于主观，迷信过去的经验，对企业安全状况的变化和快速发展的安全管理科学置若罔闻，脱离于本企业安全的内在要求，更是无视世界安全管理科学的发展。

实际上，中国的安全管理就是在差距面前奋起直追的。

2005 年，国家安全生产监督管理局（副部）升格为国家安全生产监督管理总局（正部）。其前新闻发言人黄毅 2008 年在新华网接受访谈时，毫不留情地指出我国跟世界先进国家在安全生产上的差距。那数字，让人触目惊心——

生产亿元 GDP 事故死亡率是先进国家的 10 倍；

工矿商贸 10 万人事故死亡率是先进国家的 2 倍多；

道路交通万车事故死亡率是发达国家的 3 倍；

煤炭百万吨事故死亡率是世界平均的 5 倍多。

……

这些年，我国在安全管理方面下了大力气，出台了很多政策法规，成绩也是有目共睹。可类似于"上百部法律管不住事故频发"那样发人深省的标题，还是时不时在安全管理杂志上出现，提醒人们追赶安全管理先进水平的路依然任重而道远。

1.2　差在哪里

那么，差距究竟在哪儿？

（1）意识理念。

思想观念上，管理者对安全缺少规律性的认识，操作者没有把事关性命的安全和工作有机结合。

一些生产管理责任人把事故都归咎到"运气不好"，这是严重缺乏安全意识和理念的表现。

（2）体制机制。

有些企业的安全管理部门形同虚设，一点权威都没有。

那些真正负责安全的人，却常常抱着"老好人主义"，嘴上喊着"反三违（违章指挥、违章操作、违反劳动纪律）"，实际上却是睁一只眼闭一只眼。国有企业的制度健全，但是一些操作人员不照章办事，管理人员不敢得罪人，这是主要症结。

一些民营企业的管理者带头"违"，企业内部往往也没有健全的制度，操作更是无章可循。

综上，只要解决了管理者的问题，很多问题就不再是问题。

（3）方法工具。

观念落后，必然会方法陈旧。

有些企业，把"人盯人"战术当成了安全管理的法宝。甲企业要求重点施工时领导干部必须到场；乙企业则要求领导干部与工人"同进同出"；丙企业直接让领导干部和机关人员长期派驻到生产单位"同吃同住"。

安全生产哪能仅仅依靠"人盯人，人管人"？

（4）先进科技。

安全是需要物质基础的。现在的企业，投入已有保障，问题是，投入的及时性和有效性没有保障。一些企业对于设备设施的安全保障措施投入没章法，不系统，缺少完整性，存在"头痛医头，脚痛医脚"的现象，就像条打补丁的裤子，这里补一块，那里补一块，生产现场的本质安全水平肯定大打折扣。

看到不足，能让人清醒。正视差距，会让人进步。

1.3 向美国、欧洲、日本学习

改变这一切，要从学习开始。

在借鉴国际先进安全管理模式方面，有两种较极端的认识。

一种认为国外的那一套不顶用。国外有很多的安全管理方法和模式，适用于国外的企业，国内的一些企业见到好，立即照搬，却没有消化吸收。昨天刚刚搞完安全动作写实，还没来得及规范操作动作，就嫌弃它没有效用，今天又换上人机环境匹配。钱没有少花，安全管理部门也忙得颠三倒四，只能限于狗熊掰苞米的状态，掰一个扔一个，最后什么也没留下。

另外一种认为国外的模式就是比中国的好，把自己原有的管理方法贴上了国际先进的安全管理模式标签。虽然用的还是传统管理的方法，但是安全工作碰巧搞得好或没事故，就认为国外模式比较好。总要说学习国际上的先进模式，用了很多英文字母和一大堆的技术术语，贴个"高大上"的标签，却搞得安全管理的专业人士都听不明白，晕头转向。

那么，该怎么对待外国的安全管理经验呢？既不能盲目跟风，也别故步自封，得按照鲁迅先生的说法来，"去其糟粕，取其精华"。国内企业得学会筛选、消化、吸收，然后再结合自己的实际情况进行创新，安全管理才能更上一层楼。

下棋要找高手，因为和弱者下棋，棋艺只会越来越差。在安全管理方面，国内企业应该向谁学习？肯定是那些经济建设搞得好、事故发生得少的国家和地区。美国、以德国为"发动机"的欧盟、日本这三大经济体，安全管理的水平是世界上相对先进的。

┤2├ **美国：以人为本，让员工自己动起来**

2.1 安全管理就像谈恋爱

"以人为本"是一面旗帜，这方面美国的企业家可不是光说不练。就拿美国企业的安全管理来说，"以人为本"像极了一场两情相悦的恋爱。

婚前海誓山盟。入职前签个安全协议，你说你要给我提供安全条件，我说我一定遵守安全规范，这不就是恋爱里的甜言蜜语吗？

婚后高调示爱。我们对国外石油、煤炭、电力等企业的安全管理经验给予了更多的关注。就拿美国太平洋天然气与电力公司来说吧，他们搞了个"安全誓言"，总经理、安全副总，还有每个员工都签字画押，然后挂墙上，印成小卡片随身带，随时随地"秀恩爱"。

当然啦，恋爱里也有吵架的时候，安全管理也一样。如果有人违背誓约，那就得无情管理、有情处理了。

情节轻微的，就口头提示一下，告知"只有安全工作才能受到雇用"，像恋爱里的小提醒。让员工知道哪个环节违规了，并让其承诺"今后一定要安全工作"才算结束。

比较严重的，那就得书面责罚，签个字，承诺改正过失，注意安全，这就好比恋爱里的道歉信。

要是再犯，就成了习惯性违章，那就别怪我不客气了，停工一天，回家闭门思过，这就跟恋爱里的冷处理差不多了。

情况到了不可饶恕，甚至发生重大安全事故，"婚姻"也就走到头了，公司就会请你走人，把你开除。

所以说，安全管理跟谈恋爱真的有一拼，都是得用心经营，用情去维护的。只有这样，婚姻才能长久。

2.2　"以人为本"，美国大片告诉你

下面来聊聊美国大片里的安全哲学，看看国内企业的"以人为本，安全第一"和美国的安全管理有什么不一样。

美国拍的大片，不论是战争题材、历史题材还是科幻题材，乍一看都挺宏大的，但你仔细品品，会发现一个特点：里面的人物，比如超人、蜘蛛侠、蝙蝠侠，都像普通人一样有血有肉，有七情六欲。他们也会谈恋爱、发脾气，被坏蛋欺负。

这些美国大片，表面上是讲故事，实则暗藏玄机：安全管理要面对真实的世界，真实世界中的人是有情感的。

举个例子。有家企业的安全管理抓得很严，各种制度、措施、罚款，可就是管不住事故，原因很简单：员工们总觉得安全管理就是个麻烦。后来，这家企业换了个思路，让员工轮流当安全员，分享各自的遇险经历和经验，把安全培训改成现场演练，员工有了参与感，不知不觉就记住了安全知识，还养成了主动发现隐患的习惯，企业事故率也就跟着降下来了。

安全管理不能光靠冷冰冰的规章制度，还得靠人的情感。当员工们觉得安全管理不是个负担，而是一种快乐，他们自然会主动配合。

2.3　让员工做主角，安全意识爆表

人们都说安全管理是个技术活儿，但其实它也是一项艺术活儿。就拿美国同行来说吧，安全管理搞得是风生水起，因为他们让员工在安全这事儿上"做主角"。

他们在招聘的时候，先考考你的安全意识；入职前，还得发誓要做好安全；干活儿的时候，出了岔子就让你好好反思，想想"我能不能做到安全""我应该怎样做才能实现安全"。这么一来，安全意识先行，工作还没展开呢，安全就已经深入人心了。

有的企业实施"四自"原则：感受自己谈，责任自己定，文件自己写，方案自己拿。"自编自导自演"，自主负责，"写你所做，做你写的"，如此产生的积极性、主动性自然非同一般。

不会写方案也不用担心。"以人为本"不是说放任不管。每个部门的老大、每个员工，也不是天生就会写方案的。所以，需要安排系统的培训。领导层培训、骨干培训、全员培训，让所有人都知道安全法规、安全责任和失职后果。

然后，像侦探找线索一样，自己查找隐患和风险，安全主管部门来审核。

过审了，那就根据发现的"线索"写"剧本"，自己制订安全方案。

"剧本"搞定，然后"开演"，专业安全管理部门还给你当"观众"，确保你"演"到点子上。

美国人的"以人为本"是原则，实现的方法多种多样。想要让"以人为本"真正成为安全管理的利器，就要做到安全意识以执行者本人的愿望为根本，调动起职工自主负责安全的愿望，从而化为自觉行动，改变过去那种安全管理靠领导压任务，搞得员工像被催债一样

的状态，"以人为本"要创造一种氛围——

　　"安全生产是我的舞台，安全措施是我写的歌谣，难度再大我也能唱得响亮！"

3 ─ 欧洲：制度至上，量化细化全面化

3.1 欧洲人："制度控"

安全管理和制度就像一个莫比乌斯环，不可分割。安全的"鸡"离不开制度的"蛋"，而制度的"蛋"又离不开安全的"鸡"。

在制度建设上，放眼世界，个中翘楚应数欧洲。欧洲在安全管理方面的重要特色是"制度至上"。欧洲人热衷制度建设，堪称"制度控"。他们相信制度至上，制度就是法律，法律就是不可违背的真理。从近代历史来看，欧洲相较于世界其他地方，制度创新成效较为显著。资本主义制度最先是在欧洲出现的，社会主义制度最先也是在欧洲建立的。制度的另外一种形式是法律，《拿破仑法典》具有广泛的世界意义。

在现代经济生活中，欧洲企业的制度创新也令人佩服。社会责任标准 SA8000 的提出源于瑞士通用公证行国际认证部和美体国际公司社会审核部高管间的一次谈话。很多欧洲的公司和非政府机构积极参与，随后美国也参与进来，才有了应用广泛的 SA8000 标准。在通信、环保、食品卫生等方面，欧洲人都出台了自己的制度并应用于国际市场。

3.2 德国让制度可计算

在制度建设上，德国人更加典型，是欧洲人在这方面的代表。

有一个有意思的小故事。

一只德国公鸡在山坡上碰到一只美国公鸡，正要打起来时，发现山坡下面来了一群母鸡。

美国公鸡说："我们俩现在就冲下去，一人分一只最漂亮的母鸡，如何？"

不料，德国公鸡断然拒绝："不，我们先制订一个方案，把她们包围起来，一网打尽！后面还要有一个利益分配制度……"

美国人崇尚自由、个人奋斗，有很浓的个人英雄主义倾向，而德国人理性，崇尚的是遵守制度、标准、方案、规则、条款、规范。德国人对制度的执着也体现在安全生产领域。1884年，德国颁布了全球第一部工伤保险法，为安全生产管理奠定了基石。1911年，德国又推出了《社会保险法》，规范了安全生产管理体制。

世界管理大师德国人马克斯·韦伯认为，完美的管理就是严格执行制度，排除一切个人因素。

他说："纯粹科层制的、文牍式的管理，在精确性、稳固性、纪律性、严谨性和可信性上，以及在对一切对象的可计算性上，都可以达到技术上完善的程度。"

要求"微笑服务"是笼统的制度，规定"露出上8颗牙齿"则是精确的标准。我们从德国企业那里，没有找到像美国杜邦公司那样独特的安全理念，而看到的是一个个标准。德国的公司在安全管理上反映出的是可具体操作实现的标准，是细化、量化且全面覆盖的制度。

德国西门子股份公司（以下简称西门子）是中国人很熟悉的企业，我们在一本反映清朝末年京城人生活的老照片上看到过西门子商务人员的合影。他们有一种"标准化情结"，把制度标准化的习惯延续了上百年，至今仍然保持着世界先进水平。西门子有上千人从事标准化工作，把标准贯彻到设在 110 个国家的 500 多家分子公司的各个流程。为确保安全，西门子在产品设计的源头上，如汽轮机、发电机等要通过 7 步审查。为避免协作厂配套产品出现问题，西门子每年都按标准对协作厂及原材料供货商进行审查。西门子正是用制度的标准化，赢得了"像时钟一样精密的德国战车"的美誉。

3.3　制度执行：安全"最后一公里"

向欧洲学习安全管理，最该学的就是他们对制度的绝对服从，"言听计从"。

别以为有了制度就万事大吉，落实才是真道理。某些企业的制度多得像天书，但事故还是经常出。

比如，规定起吊钢水包非铸造起重机不可。某钢铁厂竟然用普通起重机凑合，员工更是把制度当作耳旁风，起重机上压板螺栓松得快要掉了似的。如果认真巡检维护，这些问题都能止于萌芽阶段。

可见，制度落地比什么都重要。不落地，有跟没有一个样。

欧洲企业，尤其是德国企业，执行制度简直比机器人还精准。如果自己执行不力，那就找"外援"，请个第三方来盯着。

制度落实方面切忌太宽泛，否则就像橡皮泥，可以强化，也可以弱化，没有一个标准。

如果说要加大处罚力度，但实际结果只是罚个"毛毛雨"，制度就成了花拳绣腿，一点威慑力都没有。

领导在问题出现后若不琢磨怎么解决，而是先想着加大处罚，杀鸡儆猴，这种做法只能治标不治本，就像蚊子叮了一口，你使劲拍，还是会痒。

　　企业切忌"法外开恩"，出了问题该罚就得罚。但罚也要罚在制度规定里，不是想罚多少就罚多少。

　　在刚性的制度面前，人就少发挥点自己的"脑洞"吧。制度至上，不是执行者至上！

4 — 日本：本质安全，"搞形式"暗藏"真功夫"

4.1 听起来危险的安全国度

日本是"火山之国""地震之国"！日本活火山约占全球活火山总数的十分之一，人们感受得到的、感受不到的地震更是数不胜数。

地理环境造就了各个民族的性格和管理风格。美国人个性张扬，所以以人为本；欧洲人法律传统深厚，所以制度至上；日本人呢，千百年来与天灾抗争，生存环境不安全，所以想尽一切办法要在本质上求安全。

日本每个街心公园和学校都是防灾"小堡垒"，地下埋着救命物资，地上留着搭帐篷的地方。既然地震控制不了，那就把预警和防震设施落实到位。

本质安全是指系统本身具有安全性，即使故障或误操作也不会造成事故。比如煤矿用的电器开关，一碰就打火，可能引爆瓦斯。本质安全就是把开关设计成不打火，扳来扳去都不会冒火星。再比如，马路上有个坑，立个警示牌，标明"注意安全"，但不是本质安全，把坑填平才是本质安全。

日本政府强制要求本质安全，产品有缺陷必须召回。日本企业召回产品的新闻层出不穷：笔记本电脑电池冒烟起火，索尼全球召回十万块；方便面里有杀虫剂，日清食品召回五十万桶；英菲尼迪汽车安全气囊不靠谱，日产宣布召回。

本质安全包括两方面：人的本质安全和物的本质安全。人的本质安全靠安全文化熏陶，让大家自觉自愿地遵守安全规则；物的本质安全靠科技保障，有严密的防范措施和设施，误操作也不会出事故。

所以说，日本虽然地震多、火山多，但人家本质上还是安全的。这叫"以毒攻毒"，用不安全的环境倒逼出本质安全！

4.2　安全始于习惯，隐患终于整顿

本质安全要求把工作做到前面，预估事故隐患，在产品的设计上、在员工的思想意识里做好预防。

日本安全管理本质化的重要特点是预警预知，预知可以有效防范，把主要精力用在本职安全，特别是人的本质安全上，训练习惯养成，消除和减少操作失误。

日本企业普遍全面开展 5S 运动，"5S"是指整理、整顿、清扫、清洁、素养这五个英语单词的首字母。该运动的原则是：确立零意外为目标，所有意外均可预防，机构上下齐心参与；提出口号：安全始于整理、整顿，而终于整理、整顿。培养员工保持工作场所清洁整齐、有条不紊的习惯，从习惯养成上实现人的本质安全。

正所谓——

安全管理要给力，

整理整顿别出戏；

日本安全有绝招，

预知预警不能少。

日本企业很重视清洁，日本的松下、索尼、三洋在 20 世纪 80

年代进入中国市场所做的广告，要么展示干净得发亮的设备，要么展示员工穿上一尘不染的工装的模样。

在"5S"基础上，可推广伤害预知预警活动（简称 KYT）：预测和预防可能发生的事故，控制作业过程的危害，实现物的本质安全。伤害预知预警活动起源于日本住友金属工业公司的工厂，是针对生产的特点和作业工艺的全过程，以其危险性为对象，以作业班组为基本组织形式而开展的一项安全活动。后经三菱重工业株式会社和长崎造船厂发起的"全员参加的安全运动"，经日本中央劳动灾害防止协会的推广，形成了技术方法，目的是在生产工艺研究过程中不断强化安全技术因素，力争把事故扼杀在设计阶段。它被各企业广泛运用，我国宝钢首先引进了此项安全技术。

"5S 运动"和"KYT 活动"获得了日本社会各界的大力支持，日本政府部门、半官方组织和社会团体，如日本中央劳动灾害防止协会、日本劳动安全协会等发挥了很大的作用。

4.3 日本企业安全管理的"戏精"日常

我们年少时的一个小伙伴去日本做了"打工仔"，回来给我们讲了很多中国人在日本企业体验安全管理的经历。

他说，日本企业在安全管理上特爱"搞形式"，各种花里胡哨的东西。工作场所贴满安全口号、宣传画，大牌子上面写着密密麻麻的安全制度。

日本企业要填各种表格，如危险预知预警表、安全流程表、无伤害记录表，细致到每个流程、每个步骤、每项工作，还要写清楚危害是什么，怎么应对，谁负责落实、检查、监督，结果怎么样。表不能瞎填，做了才能填。表格一填好，原本的"形式主义"就变成实打实的"内容服务"了。

日本的巡检方式叫"指差呼称"。每天上班一进车间，就开始各种巡回检查。员工不仅要用眼睛看，还要左手叉腰，右手往前指，扯着嗓子喊："压力表上的刻度显示，气压 2.3 兆帕！"不仅自己喊，还要有人回应，有人确认："气压 2.3 兆帕，OK？"然后根据情况作答："气压 2.3 兆帕，OK！"班班如此地例行公事。

日本工厂还有一种近似于娱乐化的安全活动，叫"手指齐唱"，就是"用眼睛和指尖'唱'出对象的每一个文字"。这可不能说是形式主义，因为这种做法刺激大脑细胞活动，集中注意力，减少错误概率，更接近本质安全。

日本企业的安全管理确实像演戏。丰田汽车公司（以下简称丰田）在进行每一项生产之前，都要将具体的工作、生产程序"排练"一遍。所有员工都是"演员"，并且要按照固定的脚本进行：可能发生异常→进行异常处理→找出危险性→制定相应的对策→将对策要领化→根据要领对员工进行培训→继续追踪以便及时发现新问题。

日本政府向全民发布《交通战争宣言》，半官方组织坚持每年发起安全运动，全民参与，这又何尝不是在更大的舞台上"演戏"。

宝钢、攀钢集团有限公司（以下简称攀钢）等企业学习日本安全管理经验，特别是开展危害预知预警活动后，效果明显，事故率大幅度下降，有些开展活动非常到位的二级单位，连续多年没有发生一起伤亡事故。

中国企业得到的启示是，要把人的本质安全和物的本质安全结合起来，发动岗位人员对作业现场的危险因素加以预警和控制。控制了生产作业的全过程，危险危害早知道，就为避免事故打下了基础。

　　所以说，日本企业的安全管理虽然看起来像演戏，但"演"得认真，"演"得专业，"演"出了本质安全，"演"出了实实在在的效果。

5 参阅：世界 500 强安全管理工具举要（见表 1-1）

表 1-1　世界 500 强安全管理工具举要

综合管理	英荷壳牌集团 HSE 健康安全环境管理系统； 美国通用电气公司 HSE 安全健康环境管理模式； 埃克森美孚公司 OIMS 完整性运作管理系统； 英国、澳大利亚、新西兰、挪威等 13 国标准组织制定 OHSAS18001 体系； 国际劳工组织 OSH-MS 系统； 南非 NOSA 安全五星管理系统； 挪威船级社安全评级		
行为安全	美国杜邦公司 STOP 安全培训观察计划； 日本住友金属工业株式会社 KYT 伤害预知预警活动； 德国拜耳公司 BO 行为观察活动； 美国道氏化学公司 BBP 基于行为的绩效活动； 日本劳动安全协会 5S 运动； 德国巴斯夫股份公司 Aha 审计帮助行动	工艺安全	丰田防呆法和零事故六程序； 久保田集团五大现原手法； 美国道氏化学公司 HACCP 危害分析和关键控制点程序； 埃克森美孚公司和美国道氏化学公司 SQAS 安全质量评定体系

第 2 章

制度技术设施同，
为何安危大不同？——新安全观

1 安全第一：排序的威力很神奇

1.1 "安全第一"公理

我们在上海一家著名的国有企业做内训时，请学员回答对"安全第一"的理解。有位小伙子抢先回答："'安全第一'不就是一句口号吗？"

的确，"安全第一"是生活中的高频词，更是企业里随处可见的常用语。

对很多人而言，"安全第一"太熟悉了，就像有个相声说的："咱哥俩太熟悉了，太亲切了，太想念了。那什么，您贵姓？想念得我都记不得您叫什么名字了。"天天念叨得不知道对方叫什么，还真有可能，这在心理学上叫作条件反复刺激形成抑制，即"内抑制"，就像"安全第一"，许多人耳熟能详，却熟视无睹，司空见惯，置若罔闻。

"安全第一"不仅是句口号，还是国际公认的公理——"安全第一（Safety First）"公理。

最早提出"安全第一"公理的是美国人。

1906 年，美国钢铁公司事故迭发，亏损严重，濒临破产。

董事长 B·H·凯理多方查找原因，质疑"产量第一、质量第二、安全第三"的经营方针。经过全面计算事故造成的直接经济损失、间接经济损失，还有事故影响产品质量带来的经济损失，他得出了结论：是事故拖垮了企业。

他不顾其他股东的反对，把经营方针来了个"本末倒置"，变成了"安全第一、质量第二、产量第三"。

起初，大家都不信，还以为他疯了。但老凯理可不管别人信不信，先在下属单位伊利诺伊制钢厂做试点。他本来打算不惜投入抓安全，不曾想事故少了后，质量高了，产量上去了，成本反而下降了。之后全面推广，"安全第一"公理立见奇效，公司由此走出了困境。

换一种思维方式、换一种办法抓经营，安全还能创效益，这对企业界有极强的冲击力。这一方针诞生后，迅速得到全球企业界的认可。

1912 年，美国芝加哥创立了"全美安全协会"。

1917 年，英国成立了"安全第一协会"。

日本人一向好学，1927 年，日本以"安全第一"为主题开展了安全周活动，至今已坚持了近百年。

"安全第一"成为各国普遍接受的公理。

1.2　方针要落地，道路阻且长

1949 年 11 月召开的第一次全国煤矿会议提出"煤矿生产，安全第一"。2002 年 11 月出台了《安全生产法》，安全生产开始纳入比较健全的法制轨道。

确定指标是为了有效控制、科学管理，但不能放松责任，否则就是对"安全第一"公理的背叛。当然，有指标比没指标要好。企业对待"安全第一"公理不能过于简单化，切忌仅仅喊几句"安全至上""安全超越一切"的口号了事。

1.3 风险如影随形，安全必须第一

企业要想明白"安全第一"公理的内涵，就要理解安全生产的目标。安全生产目标从理论上说永远是零事故，但不等于说零事故就是安全生产。零事故只能说明暂时没出事，可并不代表安全隐患已经解除。安全真正的敌人是风险，一旦有风险，就有可能发生事故。

企业还应该看到，真正零风险是不存在的。常态下的安全是"灰色"的，是相对的，介于发生事故的"黑色"与绝对安全的"白色"之间，各个企业之间，彼此只是色度不同。

树立安全是"灰色"的观点，代表了一种进步。正因为安全是"灰色"的，就必须坚守"安全第一"公理。只有提高警惕，才能保障安全。

2 无危则安：生命至高无上

2.1 活着，天字第一号权益

"以人为本，关爱生命"这一理念，多次作为我国安全生产活动的主题。

国际上有关人权的公约涉及最多的是什么？——生命健康权。

生命健康权是基本人权，而且是首要的人格权。

活着，并且要获得健康，是每个公民的最高利益，属于公共利益，任何组织或任何个人都不能破坏公共利益，危及他人安全。

尊重生命健康的权利，体现的就是人权、人本、人性。过去人们常讲"为人民服务"，现在常说"以人为本"，其精神实质是恒定不变的，就是把人民的利益作为一切工作的出发点和落脚点。"以人为本，尊重生命，安全生产"是政府、社会、组织在经济发展中需要首先考虑的因素。

联合国全球契约十项原则的前两条就是保护人权：企业界应该尊重和维护国际公认的各项人权；决不参与任何漠视与践踏人权的行为。中远集团是中国最早加入全球契约组织的国有企业，2007 年中远集团总裁应邀参加联合国全球契约领导人峰会，并发表演讲。

2.2 从战争中体会尊重生命

透过战争形态的变化趋势，让人们在思考组织管理和效率管理的同时，更应该从另一个侧面思考安全管理。"以人为本，关爱生命"的理念，符合人类的共同愿望，代表了社会文明的进步。

有记载的人类战争，打的都是规模，都是人海战术。韩信点兵，多多益善。"多多益善"干什么用？消耗呗。谚语有云："杀敌一万，自损三千。"世界战争史上，每一次大规模的战争就意味着生产力的严重破坏和人口的锐减。

2.3 员工生命健康，企业界的基本人权

天津拉法基铝酸盐（中国）有限公司（以下简称拉法基）把所有不能上班的"工作日损失"都叫"事故"。一名女员工去北京办事，穿的是高跟鞋，下楼梯时崴了脚，一个星期不能上班。这件小事引起了公司的高度重视，全公司开展了一次有关"高跟鞋危害"的宣传。

拉法基一贯的做法是千方百计去找事故，再在公司里"大肆"宣传，迅速将员工的危机意识拉满，消除长期不出事故产生的麻痹思想。

你听说过吗？连不吃早饭都算违章！

我们若干年前去国家电网山东省电力公司考察的时候，就亲眼见识了这种规定。原来，有个员工因为没吃早饭，在高空作业时眩晕，差点出大事。结果，公司非要刨根问底：为什么眩晕？因为没吃早饭。为什么没吃早饭？因为家里有事儿来不及做。就这样，公司出台规定：员工有重要操作任务时，一律在单位就餐，不吃早饭就是违章！

一些企业陷入误区，把物的安全状态看得比人的安全行为还重，"物大于人"或"只见物不见人"。

物的安全状态和人的安全行为都是企业安全的基础，但前者不会自动生成，还得依靠管理者和操作人的行为。

所以，企业在追求物的安全状态时，也别忘了关注人的需求和感受。

3 — 无损则全：安全是最大节约，事故是最大浪费

3.1 派对惊魂记，经济损失大揭秘

有家化工企业被一个不正经操作的小伙子搞出来个火灾，害得厂子赔了好几百万元。

老板痛定思痛，大搞培训，还斥巨资改造设备，装上了一堆闪闪发光的报警器和监控摄像头。从此，厂子再也没有出过大事故，老板也像吃了定心丸一样，眉飞色舞地念叨："安全就是钱！有安全，才有钱赚！"

常听人说"安全无价"，其实，安全就是效益，是效益就可以计算。

比方说，你参加了一场派对，但派对上因为你的行为发生了可怕的事故，导致了一场经济灾难。你要如何计算这场派对的惨痛代价呢？

（1）直接损失。

①医疗费用：如给受伤的客人支付就医费用。

②财产损失：事故造成的经济损失。

③收入损失：客人们因为受伤而产生误工费用。

④诉讼费用：事故引发的司法纠纷。

（2）间接损失。

①生产力损失：派对上的人们因为受伤而不能工作。

②声誉损失：社交圈蒙羞。

③士气下降：派对的氛围被破坏了。

（3）计算方式。

把这些损失加起来，就像把派对上的碎片拼凑起来一样。但间接损失需要用想象力来估算它们。

假设这场派对事故造成了以下损失。

医疗费用：50000元；

财产损失：20000元；

诉讼费用：10000元；

生产力损失：30000元；

声誉损失：10000元；

派对的总经济损失就像一个巨大的账单：120000元！

不算不知道，一算吓一跳。

3.2 保安全，等于增效；出事故，赔个底儿掉

企业老板都知道"没有安全就没有效益"，"保安全，等于增效；出事故，赔个底儿掉。"

一个朋友在商场打拼了二十几年，资产也已经达到数千万元，可就是没有自己的私人轿车。当有人问他：别人都是挣了钱先买车，钱不够贷款也要买，你为什么这样委屈自己？他微微一笑，道出了他的那块心病：他原来倒腾过服装，开过饭店，有赚有赔，1993年经营一个小涂料厂，买了辆送涂料的货车。谁曾想，不到一年时间就出事了。事故的过程他不愿细说，总之，一死两伤，处理事故（包括医药费和各种赔偿）花去了好几十万元。

他很感慨：辛辛苦苦七八年，涂料厂卖了还不够赔的，又过了

五六年才翻过身。直到现在，他事业重新步入正轨，走向辉煌，仍坚持不买车，而从运输公司租了好儿辆车。痛定思痛，只租不买，这就叫"一朝被蛇咬，十年怕井绳"。

抓销售是挣钱，抓安全是省钱。可就是有些人不会算这笔账。安全设备投入严重不足，致使落后的生产工艺、野蛮简单的管理方式和素质低下的员工成为矿难频发的三个重要原因。一些小煤矿靠人拉肩背的原始方式野蛮作业，甚至老旧设备还在运转，殊不知"小洞不补，大洞受苦"的道理，安全投入上舍不得花钱，事故来了就要面对挡不住的损失。

3.3 企业职工伤亡事故经济损失图示（见图 2-1）

定义	伤亡事故经济损失指伤亡事故所引起的一切经济损失。 直接经济损失指因事故造成人身伤亡及善后处理支出的费用和毁坏财产的价值。 间接经济损失指因事故导致产值减少、资源破坏和受事故影响而造成其他损失的价值

人身伤亡后所支出的费用； 　医疗费用（含护理费用）； 　丧葬及抚恤费用； 　补助及救济费用 直接损失	善后处理费用； 处理事故的事务性费用； 现场抢救费用； 清理现场费用； 事故罚款及赔偿费用； 财产损失价值； 固定资产损失价值	间接损失 停产、减产损失价值； 工作损失价值； 资源损失价值； 处理环境污染的费用； 补充新职工的培训费用； 其他损失费用（企业形象受损、客户流失、中断履行合同等）

计算公式 E=Ed+Ei E——经济损失，单位万元； Ed——直接经济损失，单位万元； Ei——间接经济损失，单位万元	$VW=DL \times M/(S \times D)$ VW——工作损失价值，单位万元； DL——事故的总损失工作日数； M——企业上年税利（税金加利润），单位万元； S——企业上年平均职工人数； D——企业上年法定工作日数

说明	固定资产损失价值按下列情况计算。 报废的固定资产，以固定资产净值减去残值计算； 损坏的固定资产，以修复费用计算。 流动资产损失价值按下列情况计算。 原材料、燃料、辅助材料等均按账面值减去残值计算； 成品、半成品、在制品等均以企业实际成本减去残值计算。 事故已处理结案而未能结算的医疗费、歇工工资等，采用测算方法计算。 对分期支付的抚恤、补助等费用，按审定支出的费用，从开始支付日期累积到停发日期。 停产、减产损失，按事故发生之日起到恢复正常生产水平时止计算

图 2-1　企业职工伤亡事故经济损失图示

4 预防为主：一切事故，皆可避免

4.1 "事故链"：多米诺骨牌

安全管理的对象是风险。

"安全的规律"就是搞清"事故如何把事情搞砸"。

安全管理的祖师爷荀子，在两千年前就曾说过："一曰防，二曰救，三曰戒。先其未然谓之防也，发而进谏谓之救也，行而责之谓之戒也。防为上，救次之，戒为下。"

如何做好预防呢？

事故的分解大致为：初始原因→间接原因→直接原因→事故→伤害。这是一个链条，包括社会环境、人的不安全行为或物的不安全状态、人的失误、事故伤害；又像一张张多米诺骨牌，一旦第一张倒下，就会导致第二张、第三张乃至所有骨牌倒下，最终导致事故发生，出现相应的损失。

事都有前因后果，造成事故这个结果也有原因，就在于事故相关的各个环节，事故是一系列事件发生的后果。这些事件是一系列的，一件接一件发生的，就是"一连串的事件"。所以，安全管理理论上就有了"事故链"，又叫"事件链"。

一个工人操作机器时不小心手滑了（初始原因），机器零件飞出伤到了另一个工人（间接原因），这个工人倒地后又撞到了旁边的设备（直接原因），设备爆炸引发火灾（事故），最后导致多人受伤甚至死亡（伤害）。

按照"事故链"原理的解释，事故是因为某些个环节在连续的时间内出现了缺陷，这些缺陷构成了整个安全体系的失效，酿成大祸。

"事故链"让人们懂得了事故是可以避免的，只要有人中途喊停就行。

就像多米诺骨牌，只要哪一张不倒，后面的就都乖乖站着。安全管理就是要从骨牌链里抽走一张，让后面的都无事发生。安全管理的"抽牌"效应如图 2-2 所示。

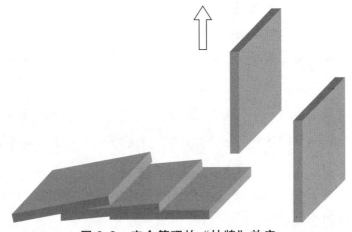

图 2-2　安全管理的"抽牌"效应

4.2　何其相似的"事故链"

2003 年底，重庆市开县"12·23"特大井喷事故夺去了 243 条生命，震惊全国。事故发生后，从政府主管部门的调查报告中，让人不由得一再感叹——

如果长时间停机检修后，没有卸下钻具中防止井喷的回压阀，事故就不会发生；

即使卸下钻具中防止井喷的回压阀，如果起钻前按规定有足够的时间循环泥浆，将井下气体和岩石钻屑全部排出，事故就不会发生；

即使循环时间不够，如果起钻过程中按规定灌注了泥浆，悲剧也不会发生；

即使没有按规定灌注泥浆，如果及时发现溢流征兆，悲剧还不会发生；

即使没有及时发现溢流征兆，如果能够及时在放喷管点火，将高浓度硫化氢天然气点燃处理，也不会导致人员中毒伤亡的事故发生。

同样的"事故链"在一个又一个事故上显现。2022 年 10 月 30 日，印度一座有 150 年历史的吊桥坍塌，造成 141 人遇难，177 人获救，这个事件有一个清晰的链条。

吊桥的缆绳因超载而断裂；

桥面开始晃动和下垂；

行人惊慌失措，试图逃离；

桥面进一步断裂并倒塌；

桥上和桥下的行人坠入河中。

面对一个个事故，人们总是忍不住感叹，太多太多的"如果"，太多太多的"即使……如果……也不会发生"。这就是"事故链"的共通之处。

4.3 所有事故，皆可预防

话说当年，杜邦公司刚成立那会儿，三天两头发生爆炸，死伤无数。后来他们幡然醒悟，安全这东西得靠科学。

杜邦公司变身"数据狂魔"，把所有事故都记录下来，仔仔细细地分析。结果发现，这些事故都是有迹可循的，完全可以预防。

于是，杜邦公司底气十足，把安全目标定为零，包括零伤害、零职业病和零事故。

世界 500 强中的英国 BP 集团和中国石油天然气股份有限公司在中国合资成立公司的时候，也把安全放在了第一位。

他们成立之初就喊出了响亮的口号："一切事故都是可以避免的，保证提供安全的环境。"

入职第一天，安全主管就语重心长地对新员工说："安全第一，安全第一，安全第一！不过，如果你们哪天突然想跳进油罐里泡个澡，请务必先跟我们说一声。"

新员工诧异地问："跳进油罐洗澡？那不是找死吗？"

安全主管微微一笑："没错，就是让你们知道，我们公司安全注重预防。连这么离谱的想法我们都想到了，何况其他危险因素呢？"

"所有事故都可以预防。"这就是新安全观最重要的内容。

有了这一理念做武器，人们才能从传统的"事故追究型"管理，进化到超前的"事故预防型"管理。

各位，以后遇到危险的时候，别再傻乎乎地等事故发生，要主动出击，把事故扼杀在摇篮里。

5 综合治理：抓事故抓不好安全，管事件管得住事故

5.1 事故是"烟花"，事件才要天天抓

安全管理的秘诀——抓事件，管事故！

一般人们习惯将事故放在首位，认为抓事故是一切安全管理的首要任务，可事实正好相反。

事故就像烟花，瞬间绽放，绚烂夺目，但转瞬即逝。而隐患就像定时炸弹，潜伏在暗处，随时会爆炸。如果人们只盯着事故，出了事再去追究责任、反思整改，那为时已晚。真正的高手，是防微杜渐，扼杀事故于隐患。

前不久，一家工厂发生了火灾。原因很简单，就是机器设备长期超负荷运行，导致电线老化引发火灾。

事故发生后，工厂痛定思痛，成立了事故调查组，反思整改，买新的设备，换新的电线，表面上看处理得比较稳妥。

殊不知，工厂里还有许多其他机器设备存在类似的问题。如果只盯着火灾事故整改，这些隐患仍然存在，随时可能引发新的事故。

这就是只抓事故的弊端！

真正到位的安全管理是管事件。所谓事件，就是事故的前兆，是那些可能引发事故的隐患。抓事件，就是把目光放在那些可能引发事故的隐患上。通过定期检查、巡视、预评价等手段，及时发现和消除这些隐患，把事故消灭在萌芽状态。

还是上面工厂的例子。事故发生后，如果工厂不仅反思火灾事故，还对全厂设备进行全面排查，发现并消除所有电线老化、设备超负荷等隐患，那么就不会再发生类似的事故了。

所以，安全管理的秘诀不是抓事故，而是管事件，把精力花在对隐患的管理上，才能真正防患于未然，保障安全生产。

5.2　每个人都错了一点点

一位在中国远洋运输有限公司就职的朋友聊起工作单位，每天有近千艘远洋巨轮在世界各地航行。他随船做过一次环球航行，在世界各地拍摄的照片中，有一张是一块注明拍摄于巴西桑托斯、刻满葡萄牙文的大石碑的照片。

这块石碑有什么特别的意义？

这可不是一般的石碑，记载着世界远洋运输史上的惨痛教训。

巴西海顺远洋运输公司有艘当年世界上最先进的船——"环大西洋"号。石碑的故事就是从"环大西洋"号遇险求救讲起的。

救援队一看这平静的大海，心里都犯嘀咕："这海况这么好，怎么就出事了呢？"

经过一番搜寻，救援队发现了一个密封的瓶子，里面居然藏了一张纸。打开一看，这纸上居然有 21 种笔迹，船上每个人都留下了一句回忆——

一水理查德："我擅自买了个台灯，想给老婆写信时照明用。"

二副瑟曼："我看到并提醒他注意台灯别倒了，船晃得厉害。"

三副帕蒂："救生筏有问题，我绑起来了。"

二水戴维斯："水手区门坏了，我用铁丝绑的。"

二管轮安特耳："消防栓生锈了，我想等到港了再换。"

船长麦凯姆更是直接："我忙着呢，没时间看报告。"

这还没完，机匠丹尼尔和瓦尔特未发现火苗，说消防探头误报警；服务生斯科尼随手开了理查德的台灯；大副克姆普带着苏勒和罗伯特巡查理查德房间时没进去，机电长科恩看到跳闸就合上了，没细究原因；三管轮马辛觉得空气不好就让机舱开通风阀；大厨史诺和二厨乌苏拉还觉得一切正常，继续做饭。

最后，火烧起来了，控制不住，整条船都着了。

每个人都犯了点小错，结果酿成了大祸。

5.3 把事件当事故，管理要下对功夫

上面的故事中，从船长到水手、电工、服务生等，意识里只有对最终事故的感叹，而恰恰是事故发生之前，每个人都犯下了一点点错误，发展成了一个个事件，最终导致了事故发生。如果当初大家都把过程中的一个个事件当作事故来看待，消除任何一个事件，就不会有事故发生。

管事件才能管得住事故，这是无数事故留下的结论。

各跨国企业中安全成绩佼佼者，早就把工夫花在了事件的管理上。

1999 年，英国标准协会、挪威船级社等 13 个组织提出了职业安全卫生评价标准，原多处提到"事故"，后一律改成了"事件"。

事件是涵盖事故的广义概念。事故是已经发生的事件，事件还包含未发生事故的各类虚惊事件、险肇事故。企业应把安全管理的重点放在各类还未发生、但可能导致事故的事件上，推行鼓励人人报告虚惊事件的制度，让全体岗位员工了解每一个虚惊事件，进而避免犯同样的错误，才能有效地防止伤害。

─6─　**参阅："安全第一"公理的新发展**

做事就有可能犯错误，不做事永远不会犯错。

"安全第一"公理是不是在提倡"不要做任何事情"？全社会都不生产岂不是最安全？

当然，"不做事情"是不可能的，生产一天也不可能停止，因此，需要强调的是"安全第一"是在社会可接受程度下的"安全第一"，是在条件允许情况下尽力做到的"安全第一"。人们永远不要指望全世界不发生一起事故，但是，尽量减少事故发生、尽量缩小事故损失永远是人们追求的目标。企业要认识自己的安全责任，把法律和国家监管的政策作为尺度，充分衡量安全环保、职业健康和产品品质、成本效益等多种要素，确保风险"可控制之下（under control）"的"安全第一"。

从"可控制之下"去理解，"安全第一"就有了新的含义，即"社会容许下"风险可控制，企业能做到。"社会容许下"与风险的关系如图 2-3 所示。

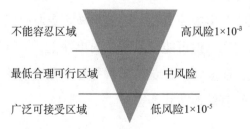

不能容忍区域　　　　高风险1×10⁻³

最低合理可行区域　　中风险

广泛可接受区域　　　低风险1×10⁻⁵

图 2-3　"社会容许下"与风险的关系

西方社会把年千分之一的死亡率作为不可容忍的高风险区域，把年死亡率十万分之一作为广泛可接受的区域。

社会不容忍千分之一的死亡率，所以，企业不能触及这样的红线，须努力将年死亡率控制在十万分之一以下。

第3章

岗位负责新主张，
管理机制来护航——新安全运动

1 安全责任需要共同承担

1.1 谁是主体责任实际承担者

从消防安全日、安全生产宣传周、安全生产月活动，再到安全年，可以感受到来自全社会对安全生产工作的高度重视。可以说，做好安全生产工作是全社会的共同责任。

安全生产主要是谁的责任？

"安全生产"，是谁在生产？企业在生产。那么，企业就是安全生产的责任主体。

企业是"安全生产责任主体"没错，但承担责任的只能是企业里的人。

某小区物业天天喊着"安全第一"，可小区的树枝折断砸伤了人，物业经理辩解称安全与自己无关。物业经理对安全认知有巨大的缺陷：每个人都要承担一定的安全责任，职位越高，责任越大。

企业的管理者都知道"基础不牢，地动山摇"的道理。这句话说的是仅仅依靠企业或法定代表人负责安全，是无法实现真正安全的，安全要靠每一个人。

说到企业安全，那可是个大学问。安全责任必须渗入企业的"骨子"里，融入企业的"血液"里，还要连接到企业的每一根"神经"上。企业内部要有能够进行责任传递的机制，形成纵横严密的责任机构。

"责任重于泰山"，企业内部必须形成钢筋铁骨，才能承担起这泰山般的责任。

1.2　变形—组合：责任合体

动画片《变形金刚》深受一批 70 后、80 后观众喜爱。憨厚莽撞的钢索，语音奇特、功能多样的声波，可爱却弱小的大黄蜂，还未成熟的红蜘蛛，狂妄强悍的威震天，还有擎天柱……一有事件发生，擎天柱就发出命令："汽车人，变形出发！"立刻，一个个汽车人迅即"咔咔"地变成汽车飞速驶往出事地点。他们非常英勇，遇强敌难以战胜，就变形成为"合体"战士，战无不胜。"变形—组合"成为当时孩子们玩耍时的热门口号。

作为"责任主体"的企业，也要能够调动企业内部各个方面的力量，配置所需要的各种资源，变成"责任合体"。企业内部像变形金刚一样，各个分支机构和分散的岗位以责任作为黏合剂，经过变形、组合才能成为安全责任的载体。企业内部各个部分既是一个个责任体，又不是独立承担责任，而是相互支撑联合成一个有机的整体，共同承担安全责任，这才叫"责任合体"，如图 3-1 所示。

图 3-1　"责任合体"

1.3 合体需机制，传递靠体系

实现责任合体需要借助一套特定的机制来传递责任。

英国石油公司制定的"黄金定律"提出，"在一个充满风险的世界及行业里，需要每个人都牢记安全的重要性，肩负起个人的责任，并深知应该如何行事。以下是一些简单的关于安全的黄金定律，能够提供基本的安全指导。我们要求每一位员工都仔细阅读它们并按例行事。每个人的安全都需要我们大家随时随地坚持高标准地遵循这些定律。"该公司力求通过"黄金定律"来落实安全责任。

但光靠董事会和经理们开窍还不行，还得像"醍醐灌顶"似的，把责任意识像甘露一样洒遍整个公司。这样，从上到下，从头到脚，每个人的每个细胞都能沐浴在责任的光辉里，让安全成为公司DNA 里不可或缺的一块。

有了责任意识的加持，企业就得对运行方式、经营理念、内部组织进行细致的分析，好好改造；把管理模式、经营理念好好进行梳理，给公司来个"大换血"；重构企业肌体，重建生产流程，完善安全规章，让责任成为每一个岗位、每一个部门的共同追求。

这样一来，上下齐心，左右协力，在企业的各个岗位、各个部门中形成安全利益共同体，从而实现从"责任主体"到"责任合体"的组织转变，把责任从个体转移到整个公司。安全，从此不再是件单打独斗的事，而是公司所有人的共同利益。

2 管理学上重大发现，共担还要靠分担

2.1 让人费解的算术题

企业内部责任"主体"变成"合体"，每个人都要承担安全责任，千斤重担大家挑。可每个人或整个集团也会有松懈和推脱的时候。

作者之一年轻时曾经在《文艺报》上发表过一篇文学作品《绳》，记述的是一件真实的事。

农村修公路采用人海战术，出动很多民工，用的是原始的生产工具，轧路时没有轧路机，就用一辆拖拉机拉两根绳拖着圆柱形的大石磙代替。有一次要轧上坡路，小队长还算有点安全意识，害怕绳子断了，叫来4个人，让他们每人拿根绳子，重新连接拖拉机和大石磙。拖拉机上坡后，绳子相继脱落，大石磙从坡上滚下来，人们躲闪不及，多人受伤，小队长的腿也被压折了。他不明白，为什么4个人绑的4根绳子，不如一辆拖拉机绑的两根绳子结实。

这种大规模简单劳动发生的事故，印证了一个管理上的命题。

法国工程师设计了一个拉绳实验。绳子的一端固定在拉力器上，一个人拉绳子的力量假定为100个单位，两个人拉绳子时每人用力变成了90个单位，三个人拉绳子时每人用力又衰减为85个单位，这就是林格曼实验。

管理学上还有一个"苛希纳定律"，是说对于一件事，由一个

人单独做，他会全力以赴去完成，因为他要独自承担责任；但一群人一起做，每个人都希望别人承担责任，就形成"责任分散现象"，每个人往往都不会太卖力。同时，由于人数的增多，相互沟通联系的数量呈几何级数增长，增加了齐心协力的困难，整体的效率便大大降低。

所以，请大家记住管理学上的重大发现，任何人进入缺乏组织的团体，潜力就会衰减，人越多衰减越厉害。责任共担需要责任分担。只有责任分担，压力落在每个人的肩膀上，才能够最终做到大家共担。

2.2 让和尚承担责任，记住是"每个"

责任共担不是一句简单的话，它不仅是一个概念，而是一个理念。责任共担，要求企业对管理的方式进行反省，让责任传递到岗位上，要用安全责任重新审视部门分工、岗位设置，厘清部门和岗位承担的安全责任，避免在企业组织的内部出现无安全责任的个体和部分。

有一句老话叫"一个和尚挑水吃，两个和尚抬水吃，三个和尚没水吃"。之所以会出现这种局面，就是因为一个和尚的时候，他必须独自承担起供水的责任；两个和尚抬水的时候，每个人也都无法逃脱供水的责任；但是，三个和尚的时候，就会出现某一个和尚偷懒要滑的情况。这就是问题的症结。

解决问题的方式，可以是机制创新、管理创新、技术创新。以我们的经验，所有这些创新都不可能离开一条——让每个"和尚"都承担起责任，这是根本中的根本。

岗位作为承担安全责任的最小单位，需要系统地决定各个岗位的责任边界。安全责任的大小、范围，以岗位来确定。无论什么人，也无论他的身份、学识、资历如何，只要他在某一个岗位，就应该承担这个岗位分内的安全责任。

2.3　责任很多种，别傻傻分不清

"舞台"中央是"直接责任者"，他们可是事故中的"主角"，闯出大祸，把责任牢牢捆在自己身上。

紧随其后的是"主要责任者"，他们像一台引擎，掌握着事故发生的"方向盘"。

"舞台"上有位"直接领导责任者"，别看他职位不高，但事关重大。主管工作没管好，承担责任别想跑。

还有个"重要领导责任者"，范围虽小，但也不能小瞧，他可是事故中的幕后推手，指挥不力也要负次要责任。

最后出场的是"一般领导责任者"，他们就像安全雷达，发现问题视而不见，导致事故发生，也得担责。

这安全责任的"舞台"上，每个人都是"演员"，责任就像戏服，穿在身上，脱不得，卸不得。采购、设计、信息这些不起眼的岗位，也是安全链条上的关键一环，千万别忽视。

要让安全责任落到实处，就得像搭积木一样，每个岗位都有自己的砖块，责任明确，缺一不可。建立考核机制、激励机制、监督制约机制，就像舞台上安装的灯光音响，照亮责任，放大声音，督促每个人严阵以待。

3 堵住圆盘漏洞，要靠人人尽责

3.1 没有事故能逃出"五行轮"

事故致因理论中有事故链理论、事故因果连锁论等，给人的感觉是单线条的，还有一种比较立体的，叫作"圆盘漏洞"理论。

这个理论很像中国古代的五行学说，造成事故的因素也有五个，哪个事故都逃不过人、机、料、法、环这个"五行轮"。

五个圆盘穿在一根轴上，分别按照自己的速度旋转，每个圆盘上都已经存在或正在出现不同的漏洞。不安全因素就像一个不间断的光源，当这束光源能够穿透所有五个圆盘时，事故就发生了。

人们可以把人、机、料、法、环五个"圆盘"拆开了看。

人：即人类，技能差，经验不足，责任心弱，培训不到位，管理混乱。

机：即机器设备，设计有缺陷，操作烦琐。

料：即材料，质量差。

法：即安全规定，理解困难。

环：即环境，参差不齐，条件差。

五个"圆盘"，各自都可能出现漏洞，数不胜数，可谓是"漏洞百出""险象环生"。

3.2　人机料法环，谁排第一位

"人、机、料、法、环"的提法来自管理工程学，是现场管理的五要素。工作安全来源于企业各部门、各单位、各岗位的生产操作、技术工作和组织协调，起关键作用的是责任意识、业务水平等人为因素。

讲一个生活中的例子。

1995 年 5 月，A 的儿子在距离家 3 公里的地方上幼儿园，每天上班时 A 都要骑车送他。有天早晨，A 和儿子都起晚了，眼看要迟到了。A 将儿子往车后座上一放，跨上自行车，喊了声"坐好，抱紧我，小心别掉下来"，然后一路狂奔。不料，路面出现一个小坑，刹车已经来不及了。说时迟，那时快，A 边捏车闸，边歪车把，好歹拐过了小坑，还来不及庆幸，就感到车身"略噔"震动了一下，听到孩子在后座上一声惨叫。A 回头一看，儿子的脚后跟夹进了后轮辐条与支架的空当处，凉鞋也被夹掉了。孩子的脚被拽出来时，鲜血已渗出了袜子……

下面按照"人、机、料、法、环"的"圆盘漏洞"理论分析这起自行车伤害事故。

"人"——A 为了赶时间，违规作业，超速行驶。

"机"——自行车本身有问题，支架和辐条之间没有塑料隔离网。

"料"——孩子穿的凉鞋材质有问题，不是长筒靴，硬度不够。

"法"——A 在前方遇到障碍后，采取的方法有问题，转车把也带动了车架，致使孩子的脚甩进了危险区。

"环"——路况环境有问题，小坑是直接原因。

无论是父亲看到儿子受伤的心痛自责，还是孩子母亲做出的事故调查结论，除了"人、机、料、法、环"中的人没有尽到责任外，其他都是托词，都是借口，不是理由。人尽到了责任，其他四个环节都可以解决。

根据统计数据，随着安全科技的进步和投入的增加，物的不安全状态造成的事故大幅下降。进入21世纪，由于人的不安全行为导致的事故大约占事故总数的88%～90%。人、机、料、法、环五个圆盘，人永远是第一位的。人人尽到了责任，圆盘就不会出现漏洞，就不会透光，就不会出现事故。

3.3 事故原因千千万，补上漏洞是关键

如果责任缺失，某一个圆盘的某个局部都可能出现漏洞，都会引发人们不愿意看到的后果。

化工厂管道检修，作业人员疏忽大意，忘关管道阀门，导致管道内的化学物质泄漏，造成设备损坏和环境污染。阀门没关的原因如下。

人：作业人员经验不足，安全意识不强。

机：管道阀门老化，开关不顺畅。

料：管道内的化学物质具有腐蚀性，对设备有损害。

法：作业规程中没有明确要求作业人员必须关闭管道阀门。

环：作业现场空间狭小，管道阀门不易操作。

车间里，A不小心碰了下机器手柄，机器突然启动，把一块重物砸到了B的脚上。调查后有如下发现。

人：经验不足，对机器操作不熟悉。

机：机器手柄太灵敏，容易误触。

料：重物没有固定好，容易掉落。

法：操作规程没有明确规定手柄的正确操作方法。

环：车间空间狭小，机器摆放不合理，容易误触手柄。

人们在安全生产面前不但必须要有责任感，愿意承担责任，还必须用行动来落实责任，补上每一个圆盘上的漏洞。

4　让岗位负责：安全与人力资源结合

4.1　责任到岗与责任到人：大不同

企业就像个大家庭，想要安全生产，就得让每个"家庭成员"都承担起自己的责任。有些人以为把责任分解到每个人头上就行了，其实这是个误区。

企业里最小的安全责任单位不是个人，而是岗位！

每个岗位就像一颗小螺丝钉，只有拧紧了这些小螺丝钉，企业的安全大机器才能运转顺畅。所以，责任得落到岗位上，而不是某个具体的人身上。

人会流动，但岗位不会。不管谁在岗位上，都要承担这个岗位的责任，就像领导去车间干活，也要承担工人的安全责任一样。

责任和权利缺一不可。有责无权，就像没牙的纸老虎，想安全也做不到；有权无责，那就成了滥用权力的大恶霸。

承担安全责任需要相应的权利。责任落实到个人就会出现经验管理的盲区，看张三顺眼就给他权利，看李四不顺眼就不给他权利。但如果责任落实到岗位，责任面前没有了人的区别，只要在岗位上，无论是谁，都会给他配置相应的权利。

安全管理中责权一致非常重要，对每个岗位都要实行职权与职责一致的原则。有责无权，想安全也做不到，主动负责意识就会受到抑制。有权无责，将必然导致滥用权力、官僚主义、瞎指挥。

管理界有句行话："有责无权活地狱。"古今中外，莫不如此。战国时期，中山国的相国乐池奉命带领百驾车马出使赵国。为了管好队伍，他在门客中找了个很能干的人来领队。走到半路，车队乱了方寸，乐池责怪那个门客："我认为你是个有才能的人，所以叫你来领队。为什么会弄得半路就乱了阵脚？"那门客回答说："我是您的下等门客。您只给了我领队的责任，却没有授予我权利，出现失误为什么要责怪我呢？"

4.2　选恋人也要看安全责任

办公室职员和在流水线上干活的工人，对安全素质的要求肯定不一样。安全管理和人力资源两个部门应该怎么配合？

首先要做的是岗位安全条件和工作分析。

接下来要进行岗位的工作设计，制作出岗位说明书的安全条款。岗位说明书不能缺少与安全工作条件相关的工作风险、物理环境、化学环境和社会环境。

人力资源领域有句行话："教一只兔子上树，不如直接找只猴。"有了以上这些内容，才能完整准确地确定聘用条件，准确地告诉管理层应该聘用什么样的人。

人们选恋人也常常把安全意识作为考察标准，甚至是选择的依据。

在发达国家，交通安全管理非常规范，人们都自觉地遵守规则，闯红灯的后果非常严重。如果一个人在这样的国家和恋人准备横穿马路时，红灯亮了，他还置若罔闻，视而不见，女朋友就会跟他说"拜拜"——"这人连红灯都敢闯，还有什么不敢做？太危险！不可靠！"

企业选人，选择那些坚守规则、懂得安全的人，能够安全地过一辈子才踏实。招聘时，把有意外倾向、安全意识较差的人过滤掉，能够降低事故发生率，以及降低安全生产的管理成本，对企业的未来是一笔效益账。

4.3 勇敢 VS 服从：岗位的终极选择

这个问题可能和人们想得不一样。比如人们提到士兵最重要的素质，究竟是勇敢还是服从？我们的父亲是参加过抗美援朝的老兵，他说几十年前部队里有一句笑话："怕死的兵适合去放哨。"什么道理呢？勇猛的士兵放哨站岗，遇到敌人一定会战死，胆怯的士兵则会跑回营中报信。

在军队，勇敢是士兵的必备素质。但随着时代的发展，纪律性和科学文化素质已成为士兵首先需要具备的。为什么？因为在战场上，勇猛的士兵可能成为敌人的靶子，而遵守纪律的士兵却能保全自己和战友。

同样的道理，在企业安全管理中，责任远不止是勇于牺牲。真正的责任体现在服从，服从于企业的规章制度和安全准则。只有服从，才能避免违章操作，减少安全隐患。

责任是安全的基石。就像那句著名的西点军校校训所说，"责任、荣誉、国家"。责任排在第一位，可见其重要性。在任何组织中，每个人都应该对自己的安全行为负责，并对企业的整体安全负责。

─5─　参阅：安全讲责任，状态须考评

5.1　认认真真"走过场"

安全管理不能没有考评，除了还没成规模的小作坊，尚没有见到过不考评安全的企业，这表明企业对安全生产工作都很重视，只是考核方式不同，有的年初缴纳风险抵押金，年末没出事故双倍返还；还有的每半年、每季度或每月一次安全大检查，不合格扣奖金。总之，各个企业都认识到考评是安全管理的主要手段，于是，认认真真，热热闹闹，轰轰烈烈。

一些企业把安全考核当作例行公事，每年下发同样的通知，用同样的检查方式，得出大同小异的检查结论。安全考核成了管理层和执行层的文件旅行，安全检查成了机关人员另外一种形式的访友活动，安全考评的实际效果肯定会大打折扣。

下面这个拟人的小故事可以说明认真考评的重要性。

山里狼群出没，狼国兴旺，是因为狼王推行绩效考核，业绩与晚餐直接挂钩的结果。狼群为了吃饱肚子，捕猎都很努力。于是，生产出现了剩余，在狼王那里，捕猎业绩考核就不再重要。有些狼偷懒，狼王不再计较，可是狼群却相互攀比，最后每头狼的考核分都差不多，差距很小。犯了错的狼也不在乎："爱扣就扣去。"考核失去了效用，业绩普遍下滑。狼王又开始对考核重视起来，但负责考核的狼已经习惯走过场，考核过程当中，尽可能地照顾各方情绪，平衡各

方利益。哪头狼考核坚持原则，就会受到群狼的抵触，从而，绩效考核的氛围缺失殆尽。结果，狼国闹饥荒，不再兴旺。

5.2　绩效测量和监测

安全考评现在已经成为影响各个企业安全业绩的最重要的一环，可一些企业安全考评随意性比较大。我们曾经看到国内某个著名企业制定的一套安全管理系统文件，洋洋洒洒十几万字，装满了整整一个档案袋，里面规定的基本程序看上去科学而又规范，但是，考评在里面只有一项条款，区区百字。考评没有严密的制度安排，就不可避免地出现随意性。

为保障考评科学有效，这里推荐一种方法叫"绩效测量和监测"。

这个方法是国际劳工组织（简称 ILO）邀请政府、雇主及员工组织三方代表共同制定的，已经为包括我国在内的各国政府普遍采用。绩效测量和监测，看上去只是把传统安全管理工作中安全检查考核换了种说法，其实大不一样。传统安全考核是结果导向，仅考核季度年度千人死亡率、千人重伤率等指标是否超标，而绩效测量不但测量安全活动的结果，还重点监测安全生产的过程，判断整个流程是否处于安全状态。

过程管理是绩效测量的先进之处。因为，结果安全并不一定代表状态安全。就像汽车的刹车失灵是一种不安全状态，如果在 12 月 31 日刹车已经失灵，但还没出现车祸，被评为安全标兵，但次年必然会出现事故，这样的结果看上去很荒唐。有些安全生产总结表彰大会刚刚开完，刚刚捧回安全生产管理优胜单位、先进单位、标杆单位等荣誉的企业分支机构，转眼之间就有大祸发生，事故的苗头在该机构获评前就已经出现了。绩效测量更像水库中水位的标尺，随时呈现水位的安全状态，什么水位预警，什么水位泄洪，一目了然。

5.3 绩效测量要点

第1条：绩效测量目的。

绩效测量旨在评估安全方针和目标的实施，确保风险得到有效控制。

第2条：监测重点。

绩效测量应重点监测以下几点。

① 具体计划、绩效标准和目标的实现情况。

② 安全制度的执行情况和流程的安全合理性。

③ 作业环境和设备状态。

④ 员工健康监护，以衡量预防和控制措施的有效性。

第3条：安全考评结论。

安全考评结论包括三个方面。

① 安全绩效反馈信息。

② 危害辨识、预防和控制措施的有效性信息。

③ 改进危害辨识、危险控制和制定员工安全行为激励政策的决策依据。

第4条：安全信用的衡量。

采用"安全信用"衡量员工的安全状态。

① 建立员工个人技能安全账户。

② 逐月考核安全状况、违章情况和技能训练成绩。

③ 无违章且考核合格者，年底兑现账户金额。

第 4 章

"意外"成"意内"，
"可控"变"在控"——过程控制

1 — 谁说风险看不见

1.1 风险危险，学会避险

"明枪易躲，暗箭难防。"在战场上，你知道对方阵地在什么地方，什么时间开枪，这没有什么可怕。可怕的是，有人在你不知不觉的情况下朝你放冷枪，这种环境才危险。

你看到对方朝你开枪，是决定了的事实，不是风险而是危险，是正在发生的灾难。

危险是什么？危险就是生产过程中可能蹦出个"炸弹"，让人措手不及。

风险和危险不一样，风险是个更大范围的概念，它是危险事件出现的概率，表示出现危险的可能性有多大；风险的另外一个含义是，危险出现的后果严重程度和损失的大小。危险是一个事实，是定性的东西。风险是可以变化的，能够用数字来表示。

人类处在风险包围的世界。但是，老板不能说"做企业太危险，我不干了"；员工不能说"上班太危险，以后我待在家里不出门了"。就像一个故事里说的一样，有个小孩连摔了两跤，索性躺在地上："早知道我还要跌倒，干脆就不起来了。"这样行吗？答案显然是否定的。

人类在面对困难的时候，能够表现出一种客观面对、积极进取的态度。

现在安全管理科学的发展已经进步到，它能够把潜在的危险和存在的风险作为企业运行的一项内容进行管理。管理风险、控制危险、预防事故是企业安全管理的核心内容。

人们在和风险作斗争的过程中，已经学会了改变危险的发生概率，即使危险出现了，也能够通过措施减少损失。

1.2 让风险现形，让危险遁形

风险度就是衡量危险程度的一把"尺子"。危险什么时候发生、发生后有多严重，这把"尺子"都算得清清楚楚。

"武功再高，也怕菜刀"，所以，武林高手"眼观六路，耳听八方"，判断风险度，降低风险，避开危险。

成熟的企业也练就了"眼观六路，耳听八方"的高超本领。工程还没有开始，就开始评估其可能造成的后果，有定量分析，有定性评价，能够预先知道一项工作具体的操作会对人员的健康、安全生产和环境保护带来什么影响。这种评估还用上了现代手段，风险变成了看得见的美丽图案。上海市在多家大中小学的学校食堂、食堂配送中心和学生盒饭生产单位启用"黑匣子"，全程监控学生午餐，对低于65℃安全温度的食品做出处理。让风险看得见，可以根据评估分析，制定预案和应急措施，防止风险造成的后果扩大，减少伤亡，降低损失。"黑匣子"启用后，上海全市杜绝了因食品变质引起的学生大面积中毒事故。

企业界这种"眼观六路，耳听八方"的本事和做法，已经成为安全管理的常规。专家们给它取了不同的名称，不管是叫危害因素识别、风险评价，还是叫隐患辨识，说的都是一回事。

发现风险、减少风险、控制风险，表面上看是技术措施，实际上是管理行为，我们叫它风险管理。

风险管理有个基本的流程：辨识危险源，重点查找设备和工艺的不安全因素、危害物质、不安全环境、安全管理缺陷、人的不安全行为，确定哪些环节存在危险，危险有多大，概率有多高；发现高风险的危险源；发布预警信号；根据重大危险源的分布、数量编制预案，配置资源，进行实战演练。

1.3 盯紧"凶悍"老大，管住"腹黑"老二

危险源就是危险的源头，包括两"兄弟"：老大（第一类危险源）和老二（第二类危险源）。

老大"凶悍"，身上揣着能量，像炸药、汽油，要是控制不好，后果不堪设想！

老二有点"腹黑"，喜欢搞破坏，让老大失控，比如油桶破了个洞，安全措施不完善，都是老二的杰作。

再来说说隐患，它是老二的"帮凶"，是那些躲在暗处，随时准备放暗箭的家伙。隐患就是管理缺失、人犯错、环境差，如电线没接好、油罐没接地、违规吸烟，都是隐患。

危险的严重程度和发生的可能性，就看老大和老二合起伙来做什么了，这就叫风险度。危险源越多，隐患越多，风险度就越高，事故就越严重。

用公式表达如下。

危险的程度 = 风险度 = 事故发生的严重性（第一类危险源）× 事故发生的可能性（第二类危险源 = 隐患）

1.4 危险和有害因素分类

参照现行的国家推荐标准《生产过程危险和有害因素分类与代码》（GB/T 13861-2022），生产过程中存在物理性、化学性、生物性、心理生理性、行为性和其他共 6 类危险和有害因素。

（1）物理性危险、有害因素。

①设备、设施缺陷（强度不够、刚度不够、稳定性差、密封不良、应力集中、外形缺陷、外露运动件、制动器缺陷、控制器缺陷、设备设施其他缺陷）。

②防护缺陷（无防护、防护装置和设施缺陷、防护不当、支撑不当、防护距离不够、其他防护缺陷）。

③电危害（带电部位裸露、漏电、雷电、静电、电火花、其他电危害）。

④噪声危害（机械性噪声、电磁性噪声、流体动力噪声、其他噪声）。

⑤振动危害（机械性振动、电磁性振动、流体动力性振动、其他振动）。

⑥电磁辐射危害（电离辐射、X 射线、γ 射线）。

⑦运动物危害（固体抛射物、液体飞溅物、反弹物、岩土滑动、料堆垛滑动、气流卷动、冲击地压、其他运动物危害）。

⑧明火危害。

⑨能造成灼伤的高温物质危害（高温气体、高温固体、高温液体、其他高温物质）。

⑩能造成冻伤的低温物质危害（低温气体、低温固体、低温液体、其他低温物质）。

⑪粉尘与气溶胶危害（不包括爆炸性、有毒性粉尘与气溶胶）。

⑫作业环境不良危害（作业环境不良、基础下沉、安全过道缺陷、采光照明不良、有害光照、通风不良、缺氧、空气质量不良、给排水不良、涌水、强迫体位、气温过高、气温过低、气压过高、气压过低、高温高湿、自然灾害、其他作业环境不良）。

⑬信号缺陷危害（无信号设施、信号选用不当、信号位置不当、信号不清、信号显示不准、其他信号缺陷）。

⑭标志缺陷危害（无标志、标志不清楚、标志不规范、标志选用不当、标志位置缺陷、其他标志缺陷）。

⑮其他物理性危险和危害因素。

（2）化学性危险、有害因素。

①易燃易爆性物质（易燃易爆性气体、易燃易爆性液体、易燃易爆性固体、易燃易爆性粉尘与气溶胶、其他易燃易爆性物质）。

②自燃性物质。

③有毒物质（有毒气体、有毒液体、有毒固体、有毒粉尘与气溶胶、其他有毒物质）。

④腐蚀性物质（腐蚀性气体、腐蚀性液体、腐蚀性固体、其他腐蚀性物质）。

⑤其他化学性危险、危害因素。

（3）生物性危险、有害因素。

①致癌微生物（细菌、病毒、其他致癌微生物）。

②传染病媒介物。

③致癌动物。

④致癌植物。

⑤其他生物性危险、危害因素。

（4）心理、生理性危险、有害因素。

①负荷超限（体力负荷超限、听力负荷超限、视力负荷超限、其他负荷超限）。

②健康状况异常。

③从事禁忌作业。

④心理异常（情绪异常、冒险心理、过度紧张、其他心理异常）。

⑤辨识功能缺陷（感知延迟、辨识错误、其他辨识功能缺陷）。

⑥其他心理、生理性危险、危害因素。

（5）行为性危险、有害因素。

①指挥错误（指挥失误、违章指挥、其他指挥错误）。

②操作失误（误操作、违章作业、其他操作失误）。

③监护失误。

④其他错误。

⑤其他行为性危险和危害因素。

（6）其他危险、有害因素。

①物体打击。

②车辆伤害。

③机械伤害。

④起重伤害。

⑤触电。

⑥淹溺。

⑦灼烫。

⑧ 火灾。

⑨ 高处坠落。

⑩ 坍塌。

⑪ 冒顶片帮。

⑫ 透水。

⑬ 放炮。

⑭ 火药。

⑮ 瓦斯爆炸。

⑯ 锅炉爆炸。

⑰ 容器爆炸。

⑱ 其他爆炸。

⑲ 中毒和窒息。

⑳ 其他伤害，是指除上述以外的危险因素，如摔、扭、挫、擦、刺、割伤等。

企业都想降低风险，可是，减少风险是要付出代价的。减少风险发生概率和降低事故造成的损失需要投入，包括人力、物力、财力。零风险一直是理想目标。风险可控是指风险无法减到零，但一定要控制在一定范围内。企业要根据影响风险的因素，经过优化，寻求最佳方案，把风险限定在一个合理的、可接受的范围内。

2 预案：小偷进屋先干什么

2.1 人们理应比小偷更周全

做任何事都讲究留条后路。这里，我们说一个社会现象，希望对大家有所启发——

小偷入室盗窃，进屋以后最先干什么？给你3秒钟时间思考。请不要不加思考地回答说，找值钱的东西呗。错了，从公安部门审讯反馈的信息看，很多小偷进屋之后，首先想到的是怎么安全撤离。即使是从窗户爬进去的，进屋以后，也要先找准门在哪里，与门的距离有多远，怎么能够全身而退，专业术语叫踩点——事先了解住户附近的逃跑路线、楼梯、出口等。

对于安全管理，企业应该设计得更周全，布置得更细致。

2008年5月12日，安县桑枣中学在汶川大地震中创造了"零伤亡"的奇迹，这归功于校长叶志平长期坚持的避险演习。

自2005年起，学校定期进行紧急疏散演习。学生不知具体演习时间，确保反应真实。预定时间突然拉响警报，学生按班级和位置疏散到操场。

当天地震发生时，老师指示学生躲避到桌子下方，随后打开教室门。震感过后，学生按照演习撤离。全校2200余名学生和上百名老师在1分36秒内全部安全疏散。

叶志平被誉为"最牛校长"，奇迹体现了其常备不懈的避险意识和严谨的演练。

凡事预则立，不预则废。现在，企业界人士应该好好向"最牛校长"学习，建立应急管理和应急响应程序，保证及时有效地实施应急救援工作。实施科学管理，打造本质安全型企业，只是具有了一个好的出发点，还要做最坏的打算，即一旦出现事故怎么办?

2.2 "油漆桶狂欢"

有家化工厂的一个工人不小心踢倒了一桶油漆，瞬间，五彩斑斓的油漆四溅开来，整个车间瞬间变成了"调色盘"。

这还不是最糟糕的，由于油漆是易燃物品，一接触火源，整个车间瞬间燃起了熊熊大火。工人们手忙脚乱地想要灭火，可是消防器材却因为长期未检查而失效，水管也因为年久失修而爆裂。

火势越烧越旺，整个化工厂都笼罩在浓烟和火光之中。这时候，厂长急匆匆地赶来，一看这场景，顿时吓得魂飞魄散，他大喊一声: "快! 快启动应急预案! "

那份预案一直躺在档案室的角落里，积满了灰尘，从来没有人去翻过。工人们手忙脚乱地四处翻找，终于在一个角落里找到了那份预案。可是，当他们打开一看，却发现预案里写的都是一堆废话，根本没有任何实际操作价值。

这时候，消防队终于赶到了现场，可是由于火势过大，他们也勉强应对，最后借助一场突如其来的大雨，才将火势扑灭。

这场"油漆桶狂欢"事件，不仅让化工厂损失惨重，更重要的是，它暴露出了人们在安全管理上的巨大漏洞。从预防到应急处理，再到抢险救援，每一个环节都出现了严重的问题。

人们要尽量避免事故发生，一旦发生事故，要把事故控制在尽可能小的范围，不让它蔓延，防止出现"多米诺骨牌效应"或"冲击波效应"。同时，还要及时有效地进行救援，尽量减轻事故带来的灾难性影响，减少伤亡和损失。

"往最好处努力，从最坏处打算。"怎么努力，怎么打算？应该着眼于三个方面。

第一是预防。要预测到可能发生的伤害，可能会引发哪一类的事故，可能会造成什么样的损失。损失是可以量化的，比如，事故会涉及多少个岗位，波及多大的区域，会有多少人、多少设备、多少建筑受到牵连，要有精确预测。

第二，对症才好下药。要有一整套的事故发生之后的应急处理办法，力求让事故隐患消灭在萌芽状态。尽可能地缩小事故影响范围，必要时还应为了照顾一个大的利益免受损失而牺牲一部分小的利益。

第三是抢险救援。要抢救生命，保护财产。

2.3　有预案，勤演练，无遗憾

要做到这一切，就需要提前有方案，有准备。这个方案就是人们经常说的预案，包括事故预案、抢险应急预案。这个准备，就是要对预案规定的人员进行培训，做好物资器材的准备，并积极演练，开展事故模拟演习，以备"用兵一时"。

对于工作场所突发事件应急预案，我们借用美国职业安全与健康管理局的规定，共有10条可供参考。

①最有效的报警（火警或其他突发事件）方法。

②人员疏散的策略和程序。

③紧急逃生的程序和逃生路线的分配，包括平面图、工作场所

布置图、安全避险区位置等。

④本单位内外的紧急联系人姓名、职务、部门和电话号码。

⑤留守岗位操纵或关闭关键设备、操作灭火器材，或从事其他必要工作的员工疏散程序。

⑥指定执行救护和医疗任务的人员职责。

⑦指定一处作为疏散后人员的集中点，并确定清点人数的程序。

⑧选定一处作为应对火灾或爆炸事故的备用通信中心场所。

⑨在现场内选定一个安全场所，用来存放财务账册、法律文件、紧急情况下员工的联系人（家属、亲友）名单等重要文件资料。

⑩确定通知员工（包括残疾员工）进行疏散或采取其他必要行动，以及报警的方法。

吸收管理人员和工人共同参与，才能保证预案的质量。

定期对预案进行演练，是预案取得成功的关键。

3 反复确认保安全

3.1 安全大法的十六字箴言

"三思而后行"还不够！人们得"反复确认，再三确认"！

我们有一次到上海宝钢集团宝山宾馆参加一家跨国公司组织的会议，会议安排得井井有条。我们在和会务人员的交谈中发现，他们对会议的管理有很高的标准和很好的方法。标准是，哪怕再小的问题，也是他们的责任，即使话筒中途传不出声音、空调不制冷等小问题也是事故。为了避免事故的发生，他们在会场布置、程序安排、演讲嘉宾接待、会间休息茶点等方面有检查，有确认，在每次开会前，还要有专人再次确认，确保万无一失。我们不仅对他们的工作态度肃然起敬，更对他们反复确认的工作方式很感兴趣。

反复确认是很好的安全管理方法。中国铝业股份有限公司河南分公司将这种方法制度化，把整个公司的安全管理归结为一点——"安全确认制"。在我国，采掘业最容易出事故，不管是煤矿、石膏矿等非金属矿山，还是铝矿、铁矿等金属矿山，只要带一个"矿"字，施工的安全风险都小不了。这家公司被评为省级安全生产先进单位，靠的正是"安全确认制"。

在宾馆，我们遇到了一位来自本溪钢铁（集团）有限责任公司的年轻人。他说，他们采取安全确认制已经好几年了。确认制规定得很详细，执行确认程序，确实能够起到相互监督的效果，他们车间已经好几年没出事故了。

安全确认制要求企业在开工前和过程中，针对每个"工作岗位"，对设备、设施、环境认真检查所有可能导致受伤的"陷阱"，确认符合安全指标并保持安全状态后方可进行作业。

安全确认制的十六字箴言就是：确切认定，确信可靠，落实到位，确保安全。

3.2　确认制很像打怪升级

安全确认制看上去很复杂，实际很简单。其中，危害辨识和风险评价是基础，然后再制定制度，根据内容采取不同的确认方式。

安全确认制在实践中的一个问题是，由谁来做最后确认？

并不是每个人都能当最后的"关卡 BOSS"。这个角色需要根据任务的危险程度来分配，根据生产项目涉及风险的大小、涉及岗位人员的多少来划分安全确认的等级，按照权限来规定"最后确认人"。就像在游戏中，越厉害的怪物越需要厉害的玩家来挑战。

在普通情况下，就像打小怪兽一样，由普通员工和巡逻小哥们在确认表上签个名就 OK 了。

如果任务稍微危险一点，就像打小 BOSS，就需要车间的头头们亲自来检查一下。

而当任务危险程度飙升，就像打大 BOSS，那就得请出中层领导大显身手了。他们会在动火、带电这种大场面中签字批准。

在危险场所施工作业，需要更大的安全管理权限，必须经过安全管理部门，甚至企业领导检查后，在文件上签字批准才能获最终确认。

每提升一个等级，对前面所有的检查、确认都不能省略，前面的确认也要对后面的确认负责。

日常工作要有操作确认、联系呼应确认、行走确认、开停车确认。作业前要看是否符合安全作业条件，作业中每做完一个操作动作都要检查。多人作业时，应听从一个人的指挥，被指挥者重复回应无误后才能作业。在生产现场行走时，按照"查看、判断、通过"程序，对现场是否具备安全通行条件予以确认。设备的检修作业，设备运行前、运行后，供电前、停电后，送风前、停风后，都要对设备安全状况进行确认。

3.3 安全检查的加强版

安全确认就像安全检查的加强版，一圈又一圈，查完再查，确认完再确认。这些额外的检查乍一看很简单，但如果不讲清楚道理，员工们不理解不配合，那这活儿干起来可就难如登天了。

为什么有些机器的关键部位会有两个螺帽？因为一个螺帽不够保险，可能会滑脱，再加上一个就能牢牢固定，保证万无一失，这就是安全确认制的精髓——反复检查，确保安全。

就像两个螺帽一样，安全确认制要落实到位，不能光喊口号，还得有一套奖罚制度来保驾护航。每个环节的负责人都要对自己负责，谁疏忽了谁担责。最终环节发现问题，前面所有环节都要挨个问责，用责任来督促大家认真检查，识别危险，评估风险，最终保证生产安全。

不过，安全确认制只是个形式，真正的重点还是安全责任。之前有这样一个案例：一名锅炉房的操作员检查了所有已知危险，却没留意断路器，结果一不小心就触电了。

即使你把所有已知的危险都考虑到了，但暗藏的风险还是有可能让你中招。所以，仔细的安全确认必不可少，还得找靠谱的人来做最后的把关。只有层层把关，才能真正保证安全，让大家平平稳稳工作，开开心心赚钱。

─4─ 安全管理，过程比结果更重要

4.1 安全只有逗号没句号

每到年底，各种文件、讲话、总结里，总能看到这样的句子："搞好 12 月份的安全生产，争取画一个圆满的句号。"

强调搞好 12 月份的安全生产没有错，大家过年都想平平安安嘛。但千万别真以为"画句号"了。如果要说标点符号，我建议用逗号，因为逗号表示一句话还没说完，不能省略，必须继续说下去。

安全生产就像一场永不停歇的马拉松，不能毕其功于一役，也不可能一劳永逸。企业可以集中一段时间解决某个突出问题，但风险永远不会消失，只要企业还在运营，就需要不断与风险作斗争。

同理，安全生产推广活动也不能搞一阵子就完事。安全生产周、安全生产月、事故反思日这些活动，可以用来增强员工的安全意识、策划制定、实施运行、管理评审和持续改进安全体系，活动可以告一段落，但在企业持续运行中仍需要时刻保持良好的安全气氛。

安全只有起点，没有终点。企业从诞生的那一天起，只要它的生命不中止，安全就是一个连续的过程，中断就会发生事故。如果说安全管理是艺术，就是"过程的艺术"；如果说安全管理是科学，就是"过程的科学"。

企业所有的努力，也正是为了一个平安、稳定、连续的过程。

4.2 "妈妈制度" VS "老师制度"

人在成长中会经历两个重要角色，一个是家长，一个是老师。

从法律意义上讲，父母是孩子的监护人。监护的含义是监督和护理。监督是指不让孩子犯错误；护理是指孩子的衣食住行都要由父母来操心料理。

学校的老师是教育者的角色，传授知识，答疑解惑，指导孩子健康成长。

这种对孩子成长的监护方式在企业里有个俗称——"妈妈制度"，正式名称叫安全监护制：对两人以上的作业，指定一个人干妈妈的活，做专职监护人，对工作人员的行为、状态进行监视和控制，防止发生意外。我们在一些电力同行那里看到，所有运行操作都有专职监护人员，没有危害辨识不开工，没有安全交底不开工，没有安全监护不开工；执行挂牌制、工作票制、确认制、监护制，相互监督，及时提醒。

孩子不能一直躲在父母的庇护下长大，妈妈不能包办一切。同理，在企业生产过程中，仅仅靠别人的提醒，很容易淡忘自身的责任意识、安全意识。一旦没人提醒，就可能发生责任事故。

社会离不开老师，安全管理也应该有"老师"。有人传授安全管理的经验、技能、心得，就像"妈妈制度"一样，但企业还需要有一套"老师制度"。过去，一些工厂实行师父带徒弟制度，师父不仅负责传授徒弟技术，还要负责他的安全，这是经验的传承。现在市场环境下，师父带徒弟的手工作坊式的管理方式已经过时。人们频繁地更换工作，平均一生大概要从事 5 到 7 个不同的职业，这种状况很难让一个人在每个职业阶段花费 1 年的时间做学徒，需要有一个更快的、更加科学合理的安全管理经验传递办法。

这个办法叫作业指导书。

4.3 书面化的老师

什么是作业指导书？它就是书面化的老师，又叫工作指引、安全指导令。它很像传统意义上的操作规程，但是比操作规程更细，更有针对性。因为，任何一份作业指导书都传递出这样的特性：在哪里使用，什么人使用，作业的目的是什么，这项作业的名称及内容是什么，怎样按步骤安全作业？

作业指导书指导的是过程，实施的是岗位，牵涉面很广，若没有技术、动力设备、行政人员的参与，仅仅靠安全部门一家唱"独角戏"，显然是不行的。

怎样编制作业指导书？企业不妨借鉴一下麦当劳的经验。我们曾经问一些企业员工：知道麦当劳是靠什么发家的吗？一般人都说，麦当劳靠的是汉堡包。我说，"麦当劳靠的是作业指导书"。他们把每一道菜的操作流程和改进记录非常详细地记录下来，制作成详尽的指导书，标准化、专业化、简单化，不管让谁干都能做出一个味儿的汉堡。

企业做作业指导书，也要遵循这个原则，要让它简单、管用，告诉员工"干什么""为什么干""如何干""怎么安全地干"。员工看了作业指导书后，谁都愿做，谁都能做。

石油企业运用安全作业指导书很普遍。早些年，我们作为安全检查团成员，审读过不少油田的指导书。好像为了体现编制者的水平，有个别指导书过于追求标准化和专业化，搞得过于复杂，没有简单化，所用术语基层人员看不懂，还得请技术人员翻译。

企业一定要明了作业指导书是给谁用的，要提倡"傻瓜型"作业指导书，谁看了都懂，谁都会用，这是制作作业指导书的一个重要标准。

5	"三位一体"要 +1

5.1　安插"卧底"不科学

人们经常说，建立起安全生产的事故防御体系。这个体系有什么特点？通常的解释是：教育、制度、执行三位一体。"三位一体"看上去很严密，但却缺少一项关键要素——监督。

监督是保险，有监督才能保证制度的执行，在他律的情况下让每个人自律。

我们讲安全生产要靠科学管理，企业安全监督也需要有科学性。2008 年 11 月，我们到一家著名跨国企业在中国的生产基地考察。那家企业的安全人员介绍情况时说，他们在员工中设立了不暴露身份的安全监督员。我问这是总部规定的吗？他们说，是工厂自己做出的独特设计。靠打"小报告"、安插"卧底"的方法，绝不科学。

美国著名哲学家、伦理学家约翰·罗尔斯在《正义论》中的"分粥"故事，会对人们有所启发。

一群人分一锅粥，指定一个人全权负责分粥。很快，大家就发现这个人为自己分的粥最多。于是，大家重新选择了一个信得过的人。开始时，这位品德高尚的人还能公平分粥，但不久便在溜须拍马的氛围中丧失了原则。大家只好每人一天轮流坐庄，平时仍然饥饿难耐，只有到自己掌勺的那天胀破肚皮猛赚一回。但总这样不是办法，大家想到了建立监督机制，成立分粥委员会和监察委员会，实现了基本公平。监察委员经常提出种种质疑，分粥委员会又据理力争，于是，每次分完，粥早就凉透了。

在监督出现问题后，罗尔斯支招，还是让一个人分粥，其他人监督，每人在分析比较后兑现监督的结果，端走自己满意的一碗，留下最后一碗给分粥者。

5.2 为什么监督失灵

科学的监督靠的是审计。在国外的石油业，HSE 审计（健康、安全、环境审计）可是当红不让的"明星"。企业定期举办，客观讲证据，有条有理有系统。他们不光审查技术，还重点关注管理。比如安全管理体制机制、领导层安全政策，甚至董事会怎么管安全，统统都要过审。

一些国内企业也运用 HSE 审计，结果却不尽如人意，很多人就纳了闷：HSE 审计失效了吗？水土不服？其实，答案很简单，就是落实不到位！

改进措施是不是真的写进了操作流程，成了刚性的原则？是不是和奖惩挂钩？更重要的是，能不能审计出本质安全问题？

发生安全生产悲剧，往往不是因为没有监督，而是监督者、被监督者处在"同体"内。上级监督下级——太远，下级监督上级——太难，同级监督同级——太软，法纪监督——太晚。"同体监督"，利益相关，监督总会疲软。

国内企业在学习和实施内部 HSE 审计时，要不断改进。推行施工作业项目监管分离，实施"异体监督"。

5.3　有了三只眼，不怕管理距离远

一些企业有不少在海外施工的队伍，总部的安全指令在海外得到贯彻要比在国内困难得多，至少管理的距离远得多，效用也很可能相应减弱，可是，海外队伍的施工却安全平稳，很少有事故发生。

秘诀就在于"安全审计"。

所有的队伍进入海外市场，安全是否决性指标。对外合作方会对企业的施工队伍提出安全审计的要求，这个审计，不是看企业自己审计的结果，也不是以对方审计的结果为准，而是请第三方的专业审计机构来做。不合格的一律不准开工，直至全部问题整改，并通过复审后方可开工。施工中的安全意识、风险识别、安全管理等方面，只要出现不好的苗头，随时会被勒令停工整改。

安全生产离不开监督，更需要科学的监督。

6 参阅：流程安全管理的要素

（1）工艺安全信息 Process Safety Information（PSI）。

① MSDS（安全信息卡或安全标签、安全标志等）。

② 化学品相容性列表。

③ 化学品与材料的相容性列表。

④ 放热反应的临界量。

⑤ 工艺技术。

⑥ P&ID（管道及仪表流程图）。

（2）员工参与 Employee Involvement。

（3）工艺危害分析 Process Hazard Analysis（PHA）。

（4）操作规程 Operating Procedures。

（5）培训 Training。

（6）承包商管理 Contractors。

（7）开车前安全评审 Pre-Startup Safety Review（PSSR）。

（8）设备完整性 Mechanical Integrity（MI）。

（9）动火作业 Hot Work。

（10）变更管理 Management of Change（MoC）。

（11）事故调查 Incident Investigation。

（12）应急响应 Emergency Response Planning（ERP）。

（13）符合性审计 Compliance Audits。

（14）商业保密 Trade Secrets。

第5章

风险无须害怕，
教你玩转文化——安全文化

─ 1 ─ 处罚不是万能药

1.1 处罚是个宝，小心玩脱了

"处罚是个宝，安全不能少。"给你 1 元钱是奖励，扣你 1 元钱是处罚。奖励有奖励的魅力，处罚有处罚的效果。

为什么要说"处罚是个宝"，是因为很多时候，离开了处罚，安全管理还真推不动。处罚之所以有效，是源于经济学家提出来的边际效应。1 元钱对于每个人的价值是不一样的。心理学家说，扣除 1 元钱比得到 1 元钱的边际价值（感觉到的损失）要大得多。鞭策超过激励，大棒的效用在这个时候超过了胡萝卜。

"也要用得巧，小心玩脱了。"正因为处罚有用，才容易乱用。

处罚本来是指处理加必要的惩罚。

一说"安全工作没做好，要加强管理"，人们首先想到的就是"加大处罚力度"，这就很难保证不超出制度标准。

到某些人手里，处理不处理不重要，惩罚甚至是加重惩罚才解气，这就演变成了惩罚主义。甚至出现以罚代管，以罚代赔，用罚款处理一切的倾向：制度有规定当然要罚，制度没规定，看到有违反制度的苗头、趋势，也要罚。员工过失造成小损失，理应赔偿，但动用了惩罚程序。

安全管理中，如果处罚至上，用处罚代替一切，难免出现执罚人的情绪化。甚至在一些企业，出现了被管理者要看管理者的脸色、情绪行事，否则小问题很可能会带来大处罚。处罚得心惊胆战、心惊肉跳，这是执罚者希望看到的结果。

要知道，在安全面前，没有人想"我要出事故""我一定要受伤害"。

所以，安全管理不仅仅是"抽鞭子"，更应该采取措施，提醒和要求相应责任人做好防范。

1.2　有理有据有程序，不偏不倚不随意

处罚要有效果，让人服气，在制定和执行处罚制度时，有几个原则须牢记。

（1）处罚要有依据，不能随便罚。

制定处罚制度要有专门的机构和程序，不能哪个部门或哪个领导拍脑袋就决定。国有企业的处罚制度需要经过职工代表大会审议，民营企业也得由董事会批准，这样才能保证处罚有权威性。

（2）处罚要讲程序，不能草率罚。

对不服从管理的员工进行处罚，就像审案子一样，得讲个"两审终审制""三审终审制"。轻微的处罚可以由基层部门执行，严重的处罚则要上报上级部门，甚至最高级别领导审核批准。并且，被处罚者要有申辩的机会，如果申辩有理，还要复议，这样可以最大限度地避免"冤案"的发生。

（3）处罚要适度，能不罚就不罚。

处罚虽然是必要的，但也不能滥用。能用其他管理方式代替的，就不要处罚。能用经济赔偿解决问题的，就不要罚款。能扣奖金浮动部分达到效果的，就不要动基本工资固定部分。能劝其自动离开岗位的，就不要给他留下被开除的伤痕。

以上只是针对制定制度需要掌握的指导思想。制度一旦制定出来，就要丁是丁，卯是卯，一点都不能含糊，千万不要等到出了事故后执行制度时狡辩。

（4）制度制定要严谨，执行制度不打折。

制定制度的时候，要仔细斟酌，不能含糊其词。一旦制度制定出来，就要严格执行，不能因为个人情感或其他因素而网开一面。否则，制度就会形同虚设，失去其应有的威慑力。

1.3 "热炉"法则

处罚问题实际上是企业文化问题。处罚只是作为一种手段，目的是通过处罚，教育当事人和广大员工遵章守纪，不玩命，不出事！

就好像家里的炉子，警告牌子立得明明白白：小心烫手！你还偏不信邪去碰，那可别怪它无情无义地来一记"红烧手掌"！

处罚也是这道理，就是为了让大家伙儿都记着规矩，就像碰了炉子就得烫一样，躲都躲不掉。

警告性原则，经常对下属进行规章制度教育，以警告或劝诫不要触犯，否则会受到处罚，就像炉火通红，不用手去摸也知道炉子会灼伤人。

确实性原则，只要触犯规章制度就一定会受到处罚，就像碰到热炉肯定会被灼伤。

即时性原则，处罚必须在错误行为发生后立即进行，不搞秋后算账，因为在碰到热炉的同时立即会被灼伤，而不是在以后某个时间。

公平性原则，处罚对每个人都是一样，不管是谁，碰到热炉都会被灼伤，概无例外。

按照"热炉"法则处罚，制度的魅力才能体现出来。

前提是处罚标准要合理，一切以实现安全为目的。某化工厂的爆炸事故，查出来是设备出了岔子。可是，为什么检修的时候没发现呢？还不是因为处罚不合理！规定时间内必须检修完，实际情况做不完怎么办？员工只能硬着头皮上，报告也瞎写，"检修合格，任务完成"！把没修好的也写成修好了，这就给事故埋下了雷！

合理的处罚，能让挨罚的人认罚。让员工认可，处罚才管用！

2 无形的文化力量，安全的定海神针

2.1 无形的力量——文化

广州的《羊城晚报》登过一篇文章，大意是说，一个夜晚，街上没有行人，有个德国人抱着侥幸心理闯了红灯，被一个睡不着觉的老太太发现。没几天，保险公司来电话通知："接到交通局的通知，你闯了红灯，所以，保险费增加 1%。"这个人退保，到别家保险公司投保。全德国保险公司通过网络都知道他闯红灯，都要求增加他的保费。他的太太随后也告诉他，因为闯红灯，银行通知他们购房分期还款期限从 15 年缩短为 10 年。儿子从学校得知爸爸闯红灯，遭到同学们笑话，觉得丢脸不想去学校。

有一点可以肯定，这个闯红灯的人再也不敢了。是什么人让他接受教训？是睡不着觉的老太太，是提高保险费的保险公司，是缩短还款期限的银行，是嘲笑有如此父亲的同学，还是叹气埋怨的家人？都是，又都不是。应该说，真正起作用的是一种无形的力量。

让那个德国人不敢闯红灯的无形力量来自社会人文环境。

无论是社会人文环境，还是企业内部的群体关系，都有一种让人有意或无意遵守的力量。人们将这种无形力量称为"文化"。

安全管理中正需要这种无形的力量。

2.2　最危险的地方凭什么最安全

电力企业素来有"雷公电母""电老虎吃人不眨眼"的形象比喻，简直是出了名的"危险地带"。所以该行业更要铆足了劲搞安全文化建设，从会议、活动再到演出，安全永远要在"C位"。

化工企业集中了有毒有害、易燃易爆这些"要命"的安全风险。进入厂区以后，你会发现到处都是"骷髅头""防毒面具""防火防爆"，视线所及，满眼都是各类安全标志，就像走进了地雷阵，搞不好哪一脚踏错，"轰"的一声，就会发生不可收拾的局面。

"最危险的地方就是最安全的地方。"在企业里，"最危险的地方"变成"最安全的地方"，是需要一定条件的。

处在"雷区"，危机四伏，险象环生，中国石油化工集团有限公司（以下简称中石化）的安全生产工作能够保持在全国行业先进地位，成为中国企业安全的标志，靠的是什么？细看中石化的安全管理，可以总结出很多，如管理有妙招，岗位有责任，监督无死角，机制很完善。

实际上，中石化的治本之法，可以归结成两个字——"文化"；如果用四个字表达，就是"安全文化"。

2.3　安全文化的魅力

实际上，"安全文化"这个词诞生于"最危险的地方"。

1986年，切尔诺贝利核电站的核子反应堆发生事故，该事故被认为是历史上最严重的核电事故。

两年以后，国际原子能机构把安全管理中带有革命性的词汇——"安全文化"作为一个重要的管理原则，要求所有的核电厂及与核电有关的领域都要进行贯彻。随后，美国宇航局在安全管理中让"安全文化"飞上了太空，也促使"安全文化"成为国际安全管理的潮流。

什么叫安全文化？它就像企业里的一个精神内核，让员工从心底意识到安全的重要性，遵守程序，辨识危害，削减风险。

因为安全文化，安全规则程序才变得生动起来——

"安全第一，然后才是速度和激情。"

"戴上头盔，不然你的脑袋就像熟透的西红柿。"

"系好安全带，否则你的身体会进行一场不必要的'飞行之旅'。"

"在建筑工地戴安全帽，否则你可能会成为一颗'人肉流星'。"

"尊重化学物质，它们就像调皮的孩子，喜欢制造混乱。"

因为安全经验分享，让人们时时注意到风险的存在——

一群同事围坐在会议室里，分享他们最令人难忘的安全事故。某位同事讲述了他如何因过于匆忙而从楼梯上摔下来，结果导致了史诗般的"滑稽摔"。另一个人分享了她不小心把一叠重要文件掉进复印机的故事，结果它们变成了"烤面包"。

学习、分享经验和从错误中吸取教训，安全文化让遵守操作规程不再是一项乏味的义务，而是一项承诺，一种生活方式。

┤3├ 安全文化就是金钟罩、铁布衫

3.1 安全文化的误区

现在的企业界，对安全文化有一些误解。常见的有以下两种类型。

（1）"以人为本"的误解。

"以人为本"在有的企业那里变成了"以和为贵"。家和万事兴，也没有大错，但它把这个"和"字做足了，变成了"一团和气"，组织氛围成了你好我好大家好，安全管理干部的任免也搞民主评议，不是凭安全业绩去留，而是看评议票数升降。结果，没人敢严格管理了。

（2）"严格管理"走极端。

"严格管理"本没错，但应避免绝对严厉，没有人情味，缺乏人文关怀。不要一人出事，全班组受罚；一个岗位"炸雷"，前后左右的兄弟姐妹统统遭殃。

以上的做法会出现如下局面：上级夜间查岗时，值班人员轮流睡觉、轮流放哨，大家想的不是生产，而是如何应付检查人员。这说明，严厉管理的结果往往会掩盖问题，并没有真正消除隐患，并不是本质安全。

3.2　安全文化面面观

任何企业都有安全文化，只是表现的强弱不同，标准就在于大多数员工的安全意识是不是在一个频率形成共振。

什么是安全文化？安全文化是一种企业组织和人群对安全的追求、理念、道德准则和行为规范，是被大多数人接受并形成组织氛围的东西。

安全文化就好像一个大盒子，层层包裹，一层又一层。

最外层叫表层文化，又叫物态文化，是指各类安全设施，还有那些显眼的大标语、小口号，很容易看到。

第二层是制度文化。这一层装满了各种规章制度，条条都是干货。

再往里一层是行为文化，放的是各位"大侠"的表演，有的英勇神武，有的畏首畏尾，有些让你哭笑不得。

最里层才是安全观念、安全价值观。这就是各位"大侠"对安全的理解和觉悟，是骨子里的东西。

安全文化就像磁场，一旦磁场强大了，大家就容易产生共鸣。就好像一群蜜蜂在飞，都围绕着一个中心点画圈圈。而苍蝇呢，就横冲直撞，东一榔头西一棒槌。有人把几只苍蝇和几只蜜蜂关在一个大玻璃箱子里。时间长了，发现它们的行为方式相互感染，蜜蜂画得不那么圆了，变成椭圆，向苍蝇的直线靠拢；苍蝇飞得也不太直了，变成弧线，在向蜜蜂学习。

"夫妻相"的说法也是如此。夫妻俩生活时间长了，生活方式、吃饭的口味儿、说话的方式、一颦一笑都在接近，面部表情甚至面相都在接近，让人们一看就知道是一对夫妻。

有位业务员自豪地讲他有一个本事，即走进任何一家公司办公楼，10分钟之内就知道这家公司员工的精神状态、企业的发展前途。松下幸之助也曾说过："我只要走进一家公司7秒钟，就能感受到这个公司的业绩如何。"

这些事例说明了"场"的存在，就像磁场一样，是一个文化场。

3.3 培育方法步步高

企业的安全文化是一个场，是一个系统，在建设和培育安全文化的时候，就不能简单从事，要采取系统的办法。

首先是诊断。从群众中来，到群众中去，要诊断自家安全文化的现状，就像大夫给病人看病一样。问卷调查、访谈员工、查资料、现场观察，各种招数都使出来。这叫"对症下药"。

诊断完了，就制订一个全面的计划。计划涉及安全目标、安全理念、安全价值观等宏观层面，还要发动员工一起讨论，让大伙儿都认同这个安全文化体系。

安全文化建设靠领导示范。"下头看上头，群众看领导"，这个"领导"包括各个层次的管理人员和专业的安全管理干部。国外的安全管理中有个词叫"有感领导"，就是让员工处处感受到领导对安全的管理和影响力。

接着是树标杆。树立企业安全英雄、标兵模范，在员工中间找到安全文化载体，使员工在学习理解安全文化时有一面"镜子"，看清自己的努力方向。

文化不是宗教，但是也需要一定的程式，要用仪式和套路来运作安全文化，比如给员工发放安全宣传品，组织安全文艺活动，召开安全故事会，让员工讲身边事等，形成安全文化的气氛。

最后，安全文化需要强制灌输，可以用广播、电视、报纸、网络等企业内的所有宣传资源进行灌输，还可以办培训班，组织考试，让员工理解、记忆、消化安全文化。

安全文化最终要体现在行动上，固化在岗位上。企业要不断强化安全文化，经常用员工行为来检验安全文化，再用安全文化来引导员工安全行为。

┤4├ 安全文化里的艺术疗法

4.1 安全文化武器库，颜色声音和光线

颜色、灯光和声音不仅能给人们带来美的享受，还能治病救人，反之也能致命伤人呢！在安全文化里，这点可太重要了。

随处可见的安全标志、警示设施和宣传品五颜六色，五花八门。它们就像一个个小精灵，用颜色和声音时时刻刻影响着人们的心情，左右着人们的行为。

就说颜色吧。各国风俗不一，但是，全人类都知道，"血"是红的，"火"是红的，同样的颜色表示着危险！见到刷上红色的设备赶快住手；见到各种器具上的红色按钮，不要触碰；见到红灯亮了，赶紧停车；见到红色消防车、工程抢险车也要赶紧让到一边。绿色正好相反，"绿色通道"就是畅通无阻；启动按钮、安全信号旗等用的正是绿色。黄色就是提醒你注意，发出警告，见到用黄色做标记的器件、设备或环境，一定要小心。蓝色表示指令，必须遵守，比如指令标志显示必须佩戴个人防护用具，你就要无条件照办。

声音也是个妙招。警报声、提示音，这些声音能穿透嘈杂的环境，直击耳膜，让人们瞬间警醒，就像消防警铃一响起来，大家都知道该撤离了。

不过，这些色彩和声音也有两面性。用好了，能保命；用不

好，也能伤人。比如，有些安全标志颜色太暗，警示作用就差了；有些声音太刺耳，反而会让人烦躁，注意力下降。

所以，在设计安全文化的时候，一定要好好琢磨这些色彩和声音。让它们既显眼醒目，又能让人接受，这样才能真正起到安全提醒的作用。

4.2　企业安全语言，要跟国家一个调

国家规定了四种安全色，外加黑白两种对比色，就像有个严肃的大叔对你谆谆教诲。

红色：不行！想都别想！

红白条纹：不行！比单用红色还管用！禁止通行、隔离墩，这些地方它拦得绝对死死的！

黄色：注意，注意，千万注意！别马虎，小心祸事临头！

黄黑条纹：比单用黄色更醒目，一定要打起十二分精神！

蓝色：指示方向，指哪走哪，别乱来！

蓝白条纹：比单用蓝色更显眼，让你不迷路，安全到家！

白色：安全区域，安心走起！危险区域，小心溜走！

这些安全色和图形组成了一个个醒目的安全标志，就像一个个小精灵，时刻提醒着人们。

圆圈加斜杠，红配黑，禁止通行，千万别越界！

三角形边框，黑黄配，警告危险，注意看！

圆形边框，白底配蓝边，强制指令，必须听从！

正方形边框，绿底配白字，提示信息，牢记心里！

颜色、光线、声音，这些都是安全文化的通用语言，可不能乱用。国家规定红色表示禁止，若企业内部偏偏来个红色表示通行，这

不是找乱子吗？颜色和声音就像安全文化中的武器库，用好了能起到保护作用，用不好就是祸害！

当年，中外合资企业北京·松下彩色显像管有限公司的每个职工都戴着绿十字袖标，但底色可有意思了。哪个班组出事了，他们的袖标底色立马变红，就像个警示牌！整个企业的人一看就知道，这个班组出了问题。为了不被戴上红袖标，大家伙都小心翼翼，安全意识非常强。

4.3　法规标准之外，形成自己特色

在企业安全文化建设的广阔舞台上，色彩、光线和声音可不是配角，而是能瞬间抓人眼球并让安全信息入脑入心的绝佳利器。

有一家我们提供长期咨询服务的企业，每当来到野外施工相对固定的场所，见到场地郁郁葱葱的绿化环境，心情总是轻松很多。从一线员工口中得知，管理方有意识地搞些绿化，因为代表生命力的绿色可以祛除紧张感。当然，对危险度高、需要注意力高度集中的场所，要用鲜亮的颜色加大刺激度，保持员工安全生产的警惕性。

不过，用色彩的时候也忌用色太多，就像调色盘上颜料过多会显得杂乱，现场色彩过多也会让员工眼花缭乱，影响安全。

阴暗潮湿的环境容易引发一系列不安全的行为。所以，哪怕是在现场点亮一个小灯泡，也要让员工们感受到温暖和舒适。当然，这里没有说要把生产场地打造成舞池（虽然那也挺酷），但是保证光线明亮、均匀，员工们会心情愉悦，安全行为也容易落实。而且，亮度要恰到好处。过亮会让人眼睛疲劳，过暗又看不清。

在生产现场，人们总会遇到一些潜在的危险，比如移动设备、高温区域等。为了提醒员工保持警惕，企业可以设置警报器，但是不

一定要用严肃的声音，可以模拟人声，也可以是段乐曲，只要能提示员工注意情况变化就好。

企业安全文化建设可不仅仅是严肃的警示标志和长篇大论的安全手册，通过充满色彩的视觉、明亮的光线，以及有趣的声音提示，可以让员工保持警觉，更可以激发他们对工作的热情和创造力。

─ 5 ─　　因地制宜，安全文化也讲适者生存

5.1　这些外资公司"很中国"

"操作规程血写成，不要用血再验证。""上有老，下有小，出了事故不得了。""严是爱，松是害，出了事故害几代。"这些具有中国本土气息的顺口溜如果放在我们中资公司没有什么稀奇，可是它们却出现在卡罗尔公司厂区树立的大牌子上。卡罗尔的安全环保部经理介绍，他们在国外没有这些措施，来到中国后发现员工的家庭观念很强，且对朗朗上口的文字接受度更高，就把这些顺口溜写到了大牌子上。

类似的例子还有 SHS 公司，它的厂区顺口溜很有特色："一个烟头一场火，一杯美酒一场祸。""安全第一忘不得，侥幸心理来不得，事故隐患容不得，违章操作使不得。"据介绍，这样的标牌也是来到中国后才有的。

这给人们提出个问题：企业应如何建设安全文化？

我们认为，检验安全文化的标准只有一个：有效。企业的安全文化采取哪种形式并不重要，是土是洋也不重要，重要的是管用。

"不论黑猫白猫，抓住老鼠就是好猫。"在很多企业安全文化赶新潮讲"洋气"的时候，一些跨国公司的做法在我们眼里看来却很"老土"。

摩托罗拉用上了民间文学顺口溜，印在每位员工的胸卡上："个

人防护要做好，职业疾病大减少，机器保护勿乱动，当心手指入虎口，预防危机勿惊慌，3109 来帮忙。"

这些外资公司在中国土地上，安全文化也跟着"很中国"。

5.2　针对人群，安全文化不放空炮

建设安全文化，如何让它管用、有效？我们琢磨了很久，也和一些企业的同行交流，大家普遍接受的意见是，必须针对人群。也就是说，建设安全文化就像做菜，得根据口味来调料，不同的人有不同的喜好，不同的企业有不同的特色。不能完全照搬西方企业的安全文化，能用的用，不能用的不用。美国人倾向于个人奋斗，他们强调的是团队精神，为团体中所有人的生命安全负责。日本人在社会上表现得谦虚、礼貌，所以，他们的企业喜欢采用"魔鬼"训练，以提升个人的能力。

企业要了解自己的员工是什么脾气、秉性，是喜欢个人英雄主义，还是团队作战？是好面子，还是喜欢按规矩办事？这些都得搞明白，对症下药才有效果。

中国人非常注重人际关系，所以，中国企业要用其所长，探索尝试让班组和非正式小团体上场；还要避其所短，突出按制度执行，突出规则意识、负责意识，在企业内部形成严格遵守规则的氛围。

人群的特色不仅影响安全文化的内容，也影响着形式。中国企业应该研究员工喜闻乐见、富有特色的形式。

同样是中国企业，也要考虑自己的人员构成、队伍的文化素质，以决定企业具体的文化特色。就拿同一行业的企业来说，有的企业技术工人多，安全文化中对培训和技能的要求肯定更高。有的企业技术工人少，安全文化可能更侧重于安全意识和规章制度。

5.3　与狼共舞，安全文化新助力

我们建议企业别再用纸笔当"安全卫士"了，工业 4.0 时代，安全文化必须要"与时俱进"！

想象一下，如果你还在用纸笔记录安全隐患，而你的对手却用上了无人机航拍和人工智能分析，你就像史前时代的人，看着对手御风疾驰，自己还在慢吞吞地用脚走路！

科技可不是花瓶，它是安全文化的"好朋友"！可穿戴设备实时监测员工状态，就像时刻带着个"安全小助手"，预防事故发生；智能传感器对环境高度敏感，警报一响准有情况发生！用好这些宝贝，安全隐患无处遁形！

别以为虚拟现实只是玩游戏的专利，在安全培训上，它可以大显身手！身临其境实操模拟，各种险情知根知底，应对自如。这样一练，可比死记硬背强多了！

所以，利用技术进步，可以提升安全文化建设的科技含量——

部署传感器、摄像头和可穿戴设备，实时监测生产现场的情况；

使用数据分析来识别潜在风险和安全隐患；

实施自动化系统，减少人为错误和风险；

观察和评估员工在工作中的行为，并提供有针对性的反馈；

同时，面对新技术带来的风险，不要视而不见，要主动出击，了解它们，拥抱它们。

用新技术当你的"安全帮手"。吸收运用大数据、人工智能等新成果，分析新技术条件下员工及相关方心理和行为的变化，量身定制适合本企业特点的安全文化策略。

保持"安全好奇心"。就像追剧一样，时刻关注安全领域的最新趋势和威胁，让企业的安全文化永远走在时代前沿。

6 **参阅：人因失误的十大成因**（见表 5-1）

表 5-1　人因失误的十大成因

序号	失误成因	影响	
1	时间压力	影响熟悉度	影响关注度
2	环境干扰	影响熟悉度	影响关注度
3	任务繁重	影响熟悉度	影响关注度
4	面临新情况	影响熟悉度	
5	休假后第一个工作日	影响熟悉度	影响关注度
6	醒来、餐后半小时		影响关注度
7	指令含糊或有误	影响熟悉度	
8	过于自信	影响熟悉度	影响关注度
9	沟通不准确	影响熟悉度	影响关注度
10	工作压力过重	影响熟悉度	影响关注度

第6章

只有不到位的执行，
没有抓不好的安全——组织氛围

1 遵章守纪，安全管理的难题

1.1 执行力缺失症

这些年，我们研究了不少企业的安全管理，也考察了很多企业，目的就是要寻找安全管理中带有共性的问题。

在这个过程中，我们确实发现很多企业都有一个共同点。拿小得不能再小的事情来说吧。很多场合禁带火种，禁止抽烟，多少制度条款都在说这个问题，多少个危险场所还要树一个大牌子，在一支燃烧的香烟上画上醒目的一道儿，提醒人们注意。可是，有多少火灾事故，就是源于一个小小的烟头，正是"有章不循，屡禁不止"。

进入 21 世纪后，这个话题在管理界重新被提起，并且推陈出新，形成共识，这就是执行力。市场竞争中，企业要想立于不败之地，在内部必须强调执行力。执行力意味着竞争力。

在各种企业行为中，最能说明执行力至关重要作用的是安全生产。

从安全生产角度看，企业里历来不缺战略家，缺的是优秀的执行者。所有的企业在安全生产目标面前都是一个指向——减少乃至消除事故，无须为制定战略目标过多地费心劳神。安全管理的战略仅仅体现在企业高层主导的管理体系的确定上。

安全管理的难点就在于执行，需要全体员工齐心协力，不遗余力，坚决贯彻，"死磕"到底。

执行力就是企业的生命线；对普通员工来说更是保命符，一举一动不仅关系到企业的生死，还关乎自己的生命，哪有什么讨价还价的余地？

1.2 安全和纪律，可是亲兄弟

山西省政府一位经常检查安全生产的官员，聊起他的发现：一些小煤矿聘用了大量的复转军人管理，这些军人在部队里养成了服从纪律的习惯，到了煤矿也是一丝不苟地执行安全规章制度，把矿工们训练得跟部队一样，步调一致，事故率非常低。

我们为上市公司神火股份做培训时，也感受到军事化管理给一个处在高危行业的企业生产带来的变化。我们在办公楼顶层报告厅上课，楼下是开阔的场院。课间休息，我们可以听到楼下军训喊出的响亮口号声，看到整齐划一的队列站姿。难怪这家企业井下巷道不但干净得没有煤渣，而且两边还摆放着绿意葱葱的绿植，也就不难猜出他们为什么能够创造东部煤矿安全生产最长时间的纪录了。

军队讲纪律，那么，纪律和安全是什么关系？

企业的"五项纪律"——劳动纪律、操作纪律、工艺纪律、施工纪律和工作纪律，哪条跟安全没关系？全国各地都在"反三违"，不违章指挥，不违章操作，不违反劳动纪律，恰恰说明违纪是安全生产的大敌。

毛泽东主席曾说："加强纪律性，革命无不胜。"军队的《三大纪律八项注意》，如果谁触犯了其中一条就会受到严厉的处罚，轻则写检查、关禁闭，重则开除军籍。如此长期执行，产生了持久效果，严格执行纪律成为军队打胜仗的核心竞争力。

国家抓安全也用上了铁的纪律：哪里出现重大事故，不仅事故责任人跑不了，企业老板、地方政府官员也要负责。

1.3　遵守安全规则，保你远离"雷区"

遵守安全规程，让你生命有所保障。

风险无处不在，工业生产的现场更是危险系数颇高的地带，各种陷阱暗藏其中。机器的刀光剑影，高空的危机四伏，电线的电光石火，化学品的毒气弥漫，这些都是"事故杀手"。

对付这些"杀手"有招数，它叫作"安全规程"。安全规程就是前人经验的总结，正所谓"安全规程血写成，切莫用血来验证"。

企业生产不是科学探险，任何操作都有章可循。高空作业时上个脚手架都讲究"三点一线"，即脚踩两处，手抓一点，牢牢固定，这才能确保安全。再比如，电气作业要穿绝缘鞋、戴绝缘手套，就像武林高手穿戴护甲一样，阻挡电流的侵袭。

遵守安全规程的妙处多，指引人们避开危险的陷阱，确保安全顺利地到达目的地。下面以劳动防护用品来举例。

戴上安全帽，就像戴上了隐形护盾，高处落下的零件别想伤到你。

系上安全带，就像长了翅膀，空中飞人也不怕摔下来。

穿上防化服，就像穿了铠甲，化学毒物休想伤人。

安全生产，说复杂很复杂，要考虑各种风险因素；说简单也简单，遵章守纪，事故伤害就会和你无缘。

遵守安全制度不意味着束手束脚。相反，它是一种智慧的体现，能让你在享受生活的同时，最大限度地保证安全。

─2─ 执行需要：安全机构必须强势

2.1　有地位，才能有作为

现在几乎很难找到没有安全机构和安全管理人员的企业，但是为什么还会出那么多的事故？

"察言观色"很重要——安全的企业，安全管理人员精神饱满，神清气爽；事故频发的企业，安全管理人员垂头丧气，士气低落。现在企业内部讲究机构生态，就是指机构之间的关系。要考察一个企业的安全重视程度，就要看安全管理机构的地位。安全管理机构地位高，安全管理人员有权威，说话才有人听；安全管理机构地位低，安全管理人员"夹着尾巴做人"，谁也不敢"得罪"，生产安全就无法保障。

通用电气公司前 CEO 杰克·韦尔奇说："一个组织是否重视某种理念，只要注意观察他们安排的领导班子即可。"我们之所以单独拿出安全机构的地位来说，是因为一个企业是不是把安全放在第一位，是不是"以人为本，关爱生命"，安全管理机构在企业中的地位至关重要。

1987 年，中石化的安全处还只是生产部下面的一个部门，"一支队伍五六条枪"。后来安全形势严峻，安全处升格为安全生产监察局，和生产部门平级。1992 年，中石化精简机构，安监局又被重新降回到五六个人的安全处，结果当年中石化接连发生多起安全生产事故。1993 年，中石化重新成立安全生产监察局。我多次听人说中石化是中国安全生产最好的超大型企业，其实都归功于安全机构在中石化的强势地位。

2.2 都很重要，谁最重要

有一个小故事，说的是"五官争功"。

企业年终总结评比，评选先进部门，CEO "脑袋"让各部门发扬表扬与自我表扬的精神，推荐自己或别人。销售部经理"口腔"说，销路是他们打开的，效益好，他们功劳最大。品管部门经理"眼睛"说，销得好是因为质量好，品管部功劳跑不了。研发部门经理"耳朵"说，产品好是因为设计得好，没有研发部门哪来的设计好？财务部门经理"鼻子"说，效益好是因为成本控制得好，财务人员心没少操……各个部门都加入了争功"大合唱"，只有负责生命健康的安全部门经理没说话，好像这一年除了花钱没别的成果。

CEO 终于说，"五官争功"，都觉得自己重要，确实都很重要，可是你们知道谁最重要吗？命最重要，命没了五官都不重要了。

这个故事在说，安全最重要，是基础，没有安全，其他工作都是白做。

由于工作中和跨国公司业务合作的需要，我们对国际企业界安全管理的变化给予了较多关注。在中国海洋石油集团有限公司（以下简称中海油）南海油田的施工单位中，有一家来自美国的菲利普斯公司，这家公司对待安全和安全部门的态度非常鲜明。该公司规定，生产管理第一重要的是安全，不搞安全环保就不能生产。公司有几个部门，其中安全管理部门负责健康、安全和环境保护，叫 HSE 部。公司规定，HSE 部是"第一部门"，别的部门负责人可以外聘，唯独 HSE 部门负责人不可以，必须是本国培养的有经验并懂管理的人才。

国内企业应该有所启发，对于企业中哪个部门最重要要心中有数。

2.3　安全机构排第几

管安全、管人才、管效益的三个部门应该处在龙头位置，开会坐前排，发文件居前列。国内的很多企业管理逐渐现代化，组织结构也逐渐变得科学合理，企业的岗位序列出现了财务总监、营销总监、人力资源总监这些之前没有的职务。但是，安全总监职务在国内却不多见，而国外的企业，特别是风险大的行业则非常普遍。有人认为，"安全总监"，这不就是换个好听的名称吗？可不能这样说。安全管理部门的级别如果与各部门的级别一样，那么管理安全工作时常会遇到不少阻力，监督力度不强。

企业越来越意识到，如果安全机构领导只是作为一个普通的部门经理，很难有足够的权威，还会产生"箩筐现象"，即各个部门把安全管理部门当成"箩筐"，把自己的安全管理责任都甩进这个"箩筐"。

"安全总监"则较好地解决了这一问题。安全管理机构的领导变成了总监，比各部门领导要大一级或半级，具备较强的安全专业技能，拥有较高的资质，主要负责监督工作，独立行使安全生产监督权利，拥有很强的监督权和处罚权。

在本书第一版呼吁设立安全总监的时候，国内还难寻安全总监的踪影。如今，安全总监成了很多企业的常设职位。

人们常说"有作为才能有地位"，可是对于安全管理来说，这句话恰恰相反，"有地位才能有作为"。俗话说，"屁股决定脑袋"，地位重要了，才能谋划出重要决策，才能发挥重要作用。安全管理机构成为企业的第一部门，有了第一部门的权威，整个企业才能形成重视安全管理的氛围。

─ 3 ─ 讲真：不服从安全管理就是犯法

3.1 导师教诲论权威，法律规定须服从

军队打仗，为消灭敌人，减少自身伤亡，需要服从。企业搞生产抓安全，也需要服从。恩格斯在《论权威》里有句名言："进门者请放弃一切自治。"

他为什么说这句话？很大程度上是生产需要继续，工人需要安全。

恩格斯的论述有很强的逻辑力量，他认为，联合活动、互相依赖的工作过程的错综复杂化，正在取代个人的独立活动。联合活动就是组织起来的集体生产活动，而没有权威能够组织起来吗？

我们建议企业发动大家学习《论权威》的精彩片段，因为恩格斯说得相当好：大工厂里的自动机器，比任何雇用工人的小资本家要专制得多。想消灭大工业中的权威，就等于想消灭工业本身，即想消灭蒸汽纺纱机而恢复手纺车。能最清楚地说明需要权威，而且是需要最专断的权威的，要算是在汪洋大海上航行的船了。那里，在危险关头，要想拯救自己的生命，所有的人就得立即绝对服从一个人——船长的意志。

正因为企业生产是不止一个人的联合活动，面对安全风险，需要权威能够协调所有人的行动，所以，2021年版的《中华人民共和国安全生产法》多处要求从业人员"服从管理"，具体如下。

第五十七条　从业人员在作业过程中，应当严格落实岗位安全责任，遵守本单位的安全生产规章制度和操作规程，服从管理，正确佩戴和使用劳动防护用品。

第一百零七条　生产经营单位的从业人员不落实岗位安全责任，不服从管理，违反安全生产规章制度或者操作规程的，由生产经营单位给予批评教育，依照有关规章制度给予处分；构成犯罪的，依照刑法有关规定追究刑事责任。

服从管理，不听从导师教诲是桀骜；不遵从法律规定是违法。

安全生产必须讲服从。

3.2　没有服从，就没有秩序

在没有服从的情况下，个人和群体会追求自己的利益，各行其是，就会出现混乱和无序。不论地域，不论人种，要想实现良好的秩序，都要讲服从。

先说美国企业。

杜邦公司是企业界安全管理的典范，他们到处推广安全管理经验，做安全管理的生意，很多企业逐渐地接受了杜邦公司的安全管理理念。有一条内容，杜邦公司很少说，即在安全实践中至关重要的"服从管理"。

很多人会觉得杜邦公司安全管理条款很苛刻，比如不要大声喧哗，以防引起别人紧张；过马路必须走斑马线，否则医药费不予报销；骑车时不得使用耳机；打开的抽屉必须及时关闭，以防人员碰撞；上下楼梯必须用扶手。

而杜邦公司要求服从管理，虽然含情脉脉，实则毫不手软——不和公司合作，就请你走人。

再看德国公司。

德国莱茵科技公司中国区的安全经理蒂莫·施密特，看到工人使用电钻时只戴耳塞却没有戴安全眼镜，立即叫停："停止！安全第一！戴上你的安全眼镜！"

工人随手拿起一个眼镜戴上，继续工作。

"不行！"施密特再次叫停，"那不是安全眼镜！要戴这个！"

施密特从自己的包里拿出一个透明的安全眼镜："这个才是预防飞溅的透明安全眼镜。"

"谢谢，施密特经理。我下次会注意的。"工人无奈，只好戴上。

施密特并未就此结束，转身去办公室拿来新版的安全协议，上面清楚地写着：使用电钻，必须佩戴安全耳塞、专用防护眼镜和口罩。

德国人的做法是，"服从"要靠环环相扣的管理，层层推进。

3.3 没有执行，就没有安全

针对强化执行力，安全先进企业可是使出了浑身解数，他们的秘诀是：优化流程，包括管理和业务流程；技能加满，提高员工的安全技能；意愿最大化，增强员工安全工作的意愿。

强化执行路线图之一：玩转"五步法"如图 6-1 所示。

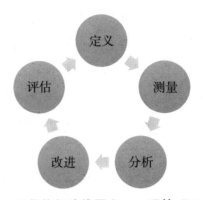

图 6-1　强化执行路线图之一：玩转"五步法"

第一步：定义问题，就像画家描轮廓；

第二步：测量问题，就像医生量体温；

第三步：分析对策，就像诸葛亮排兵布阵；

第四步：实施改进，就像盖房子一样；

第五步：评估结果，就像老师批改作业。

强化执行路线图之二：从僵化到固化如图 6-2 所示。

图 6-2　强化执行路线图之二：从僵化到固化

　　某核电站在建设中聘请管理公司负责管理。管理专家的很多管理要求让建设方觉得苛刻，没法接受，比如上螺丝要求"上三圈半回半圈"。建设方觉得这样的制度太死板，太教条，干吗非要"上三圈半回半圈"，直接上三圈不就完了吗？类似的规程不去遵守，结果施工中出现了很多问题，"跑冒滴漏"现象层出不穷，安全隐患比比皆是。后来，建设方才明白，管理专家在制度条款中规定"上三圈半回半圈", 自有他的道理。这个道理可能无法理解, 但必须去执行!

发现问题靠程序, 解决问题靠标准。标准化就是制度, 制度必须执行, 不能走样。就像华为的创始人任正非说的: "先僵化, 后优化, 再固化。" 不管是什么类型的企业, 制定出安全管理标准后, 都要经历这个"僵化、优化、固化"的过程, 就像玩俄罗斯方块一样, 稳稳当当地把标准垒起来。

强化执行路线图之三: 培训先行, 责任自担如图 6-3 所示。

图 6-3　强化执行路线图之三: 培训先行, 责任自担

培训先行, 让员工成为安全领域的"过硬选手"; 责任描述, 清楚地告诉员工他们的职责; 自订方案, 让员工自己当"导演", 制订安全计划; 自主落实, 让员工成为安全舞台上的主角, 把计划付诸行动。

4 强化执行：他律更需自律

4.1 听得进批评，才没有哭声

有一句大家耳熟能详的话："宁愿听骂声，不愿听哭声。"

哭声和骂声密切关联，互为前提。有骂声可能就没哭声，管理严格虽说当时招来骂声，但是没有事故就不会有哭声。没骂声可能就有哭声，如果管理不严格，没有骂声，出了事故哭过之后，还会有更大的埋怨。

骂声中受委屈的是干部，是管理人员；哭声中受伤害的是员工，是操作者，是被管理人员。无论是哭声还是骂声，我们相信不会有人愿意听。心情本来好好的，突然挨顿骂，不好的感觉可远远超过一盆脏水泼在身上；净听到些哭声，也不会好受到哪去。"宁愿听到骂声，不愿听到哭声"，只是在两难条件下的一种无奈选择。

企业在安全管理上见到最多的是批评、严肃批评，甚至是勃然大怒。依我们看，不论工作方法如何，只要管理者主观上没有恶意，企业员工都应该接受。因为"听得进批评，才没有哭声"。

"严是爱，松是害"，严格是为了员工不受伤害，是为了员工好。员工应该理解严格管理的出发点。管理上按制度去办，无论什么岗位，无论什么身份，安全面前、安全管理面前、安全管理制度面前，一视同仁。受到处罚，员工有什么理由去骂管理者？而制度不是针对员工一个人制定的，骂制度也毫无道理可言。

4.2 经得起检查，还要经得起不检查

安全检查一般会提前发通知，告诉被检查单位上级什么时间来，甚至还指明检查的重点，示意做好迎接检查的准备。于是，一些被检查单位赶紧搞突击，预想上级检查哪些部位，有重点地做准备。岗位工人抓紧时间背诵制度、规程，准备接受检查人员的提问。客观地讲，这样的检查还是有一定作用的。但时间长了，下级在应对检查方面就会有很大"长进"。有些不符合标准的小煤矿，就是在上级检查期间，白天停工，晚上采煤，躲避检查，酿成事故。

近几年，针对被管辖的企业单位，上级越来越多地开始采用突击检查的方式。

"经得起检查，也要经得起不检查。"这是安全监督詹姆斯先生，在与中方施工人员交流时说的一句让我们印象深刻的话。

他详细解释了这句话的含义：作为企业，要经得起安全检查，不能漏洞百出，也要经得起不检查，无论检查与否，无论企业是否组织大检查，内部组织都要自觉地持续进行危害辨识和行为安全观察，调动起员工执行制度的愿望。

作为员工，要经得起上级和安全监督的检查，保证符合标准。只要遵章守纪，什么样的检查都只会是一种肯定；也要经得起上级和安全监督的不检查，没人检查时要自觉地持续辨识危害，修正行为，保证安全。

一句话，检查与否，员工都应该知道怎么做。毕竟，安全不是用来做给别人看的，是保命的，生命是自己的。

4.3　付出一万的努力，防止万一的发生

企业搞技术抓安全，最忌讳"差不多"。

安全管理就是细节管理，安全文化就是执行文化。安全生产来不得半点的"差不多"，要精确、要准确、要到位，从一开始就应该把正确的事情做对。不怕安全行为的一万次重复，就怕万分之一次的疏忽，稍微一点疏忽就可能造成非常严重的后果。在生产中，这类忽略细节、忽视执行，"差不多""过得去"等思想、观念、作为、做法，都会酿成灾难性的后果。

比如车钳铆电焊的焊工。人们对焊工并不陌生，常识里，焊工需要重点保护的是眼睛，焊花会灼伤眼睛。一位焊工因一时疏忽伤害到了耳朵，令我们吃惊不已。这位焊工忽视了基本的安全防护，在进行切割工作时没有戴防护面罩，自以为戴上眼镜就"差不多"了，谁知铁屑飞溅进耳朵，击穿了耳膜，造成一只耳朵永远失聪。

这个疏忽只造成了残疾，而企业里见到更多的例子，是因为"差不多"的思想丢掉了人命。一位员工叼着香烟到仓库内放包装箱，丢弃的烟头被他随意踩了两脚。踩灭了吗？差不多吧。他离开以后，烟头引燃了仓库内的物品，大火蔓延到整个商场、浴池、舞厅，造成 54 人死亡、70 人受伤，直接经济损失 400 余万元。吉林市中百商厦的特大火灾，起因就是这个"差不多"的疏忽。

服从管理，强化执行，从小处着手，从点滴做起，时时处处事事，要求自己做准确，做到位。不能以"只此一次""下不为例""情况特殊"为借口，放松要求，原谅自己。规则意识深入骨髓，遵章守纪才能成为自觉的行为习惯，天天谨小慎微，月月规规矩矩，必然会有年年的平平安安。

5 参阅：安全之河 & 检查审核

5.1 安全之河

我们在与多个不同类型的外资企业交流现场安全管理时，他们的一些安全管理人员钟情于"安全之河"，如图 6-4 所示。这幅图简洁地展示了现场主管要做的主要工作，同时也说明"请给我结果"一类的管理方式只适用于高层领导者。现场主管只能是过程管理，要通过培训、检查等手段，让员工可以不折不扣地完成任务，现场就会处于良好的安全状态。

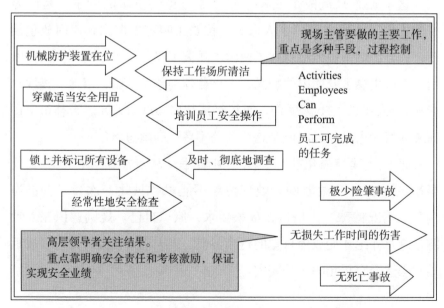

图 6-4 安全之河

5.2　安全检查

安全检查作为现场管理的手段，每个国家都在用。西方发达国家的安全检查有三个特点：第一，安全检查是一种专职检查人员的经常性工作，很少有通知检查和突击检查。第二，检查出问题后处罚得非常严厉。第三，检查与企业员工的职业操守相结合，工程技术人员在工作中发现事故隐患必须上报，否则将被取消执业资格。加拿大核电站的营业执照有效期最长两年，最短三个月。皮克林核电站大门口有一个不知道谁喝剩下的空易拉罐，被安全检查人员发现了，营业执照有效期立即被降到三个月。理由是，一个空易拉罐都控制不了，安全上一定有漏洞。搞的皮克林核电站很紧张，立即整改，如果被查到新的问题，营业执照就会被吊销，核反应堆就要停产，这样的责任谁都承担不起。

相比较政府的安全检查，我们在与外资企业合作中，除了安全管理体系的管理评审外，很少见到企业组织的大规模安全检查。那这些企业是怎么做的呢？

他们把安全检查按照对物和对人分成两类，转换成了危害辨识和行为安全观察。

危害辨识，通俗的说法就是查找隐患。我们在很多工地见到外方派出的安全、质量和环保的现场监督，有些是专职的安全监督。施工方何时开工、何时停工、用什么材料、上什么措施，决定权都在现场安全监督手里。安全监督根据危害辨识对风险的把握做出决定。

行为安全观察，重在通过观察的结果与岗位员工互动，引导员工创造良好的安全业绩。实施行为安全观察时，观察者要做到以下内容。

① 在进入目的工作区之前，停止10秒到30秒来了解雇员作业内容。

②提高警觉，注意进入工作区时任何的不安全行为（注意自身安全）。

③保持不偏不倚观察工作的所有阶段。

④用所有的感官来观察（视觉、听觉、嗅觉和触觉）。

⑤记住 ABBI 原则，即上面（Above）、下面（Below）、后面（Behind）、里面（Inside）四个方面的检查。

⑥观察并思考沟通，寻找问题的根因和改进的方法。

⑦夸赞良好的表现（congratulation）。

⑧让被观察者留住好的行为，知悉不好的行为。

这是世界 500 强企业普遍采用的行为安全观察方式。

5.3　安全审核六步法

杜邦公司安全部门定期组织的安全审核六步法更能让企业看到行为安全观察的魅力。第一步，管理者到现场审核安全时，注意观察现场，观察员工的操作行为，友好地打招呼，发现不安全操作后善意制止不安全行为，让员工先停止操作，若员工在高处或危险环境，要提醒员工注意人身安全，回到安全地带；第二步，问候员工，评价其安全的行为，肯定其做得好的地方，这种评价让员工感觉到被关心和尊重；第三步，指出违反操作规程的不安全行为，讨论不安全行为有哪些严重后果，以及标准的工作方式应该如何；第四步，得到员工对今后工作的安全承诺；第五步，讨论其他安全问题，如针对季节饮食、穿衣注意、上下班交通安全注意等；第六步，感谢员工的工作。

杜邦公司的安全审核六步法也有责任单位限期整改的内容，但最主要的是，让员工与管理者沟通交流，分享安全经验，诚恳地服从执行规章制度。

　　从发达国家的做法中可以发现，安全检查主要是政府对企业采取的管理措施，而企业已经停止了对大规模安全检查的依赖，因为该检查不可能随时组织，在等待检查过程中可能发生事故，所以与生产同步的行为安全观察便流行开来。

第7章

自己安全自己管，
依靠别人不保险——自我管理

─ 1 ─ 职业安全阶梯，不要变成"滑梯"

1.1 职业生涯，一场"爬梯"游戏

人的一生其实是劳动的一生，"劳动光荣，工作美丽"，每个人都不能不工作劳动。我们来聊一聊人的职业生涯。

职业生涯是曲线，就像人生有高低起伏，可分为五个阶段。

①探索期：四处找工作，先了解下社会，看看有哪里可去。

②建立期：正式踏上工作岗位，边做边学，不断提高业务技能。

③职业中期：业务熟练，成为职场骨干，但别得意忘形，这时候容易出现职业危机。

④职业后期：事业发展较为稳定，但要时刻留意"后浪"的冲击。

⑤衰退期：最后冲刺阶段，可能会遇到各种挑战，沉住气，顺利退休才是硬道理！

职业生涯，又叫职业进步。谁不想在职场上顺势而上，一路高升？

我们所在的企业正是顺应了人们的愿望，进行了职业生涯设计，制定了"三条线"的职业进步梯次。

①"操作线"有初级工、中级工、高级工、技师。

②"技术线"有技术员、业务主办、主管。

③ "管理线"有办事员、科长、处长。

员工根据自己的职业兴趣和具备的条件，决定自己的职业发展设想。企业做好引导管理工作，帮助员工制定并实现生涯规划。

美国微软公司人力资源部制订的职业生涯潜力发展计划，也设计了富有激励性的"职业阶梯"，让员工顺着"阶梯"往上爬。

人的一生都在不断地"爬梯"。职业安全阶梯如图 7-1 所示。

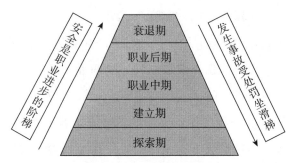

图 7-1 职业安全阶梯

1.2 "玻璃天花板"和"脚底失控坐滑梯"

职业不断进步，是个良好的愿望。人们在职业阶梯上不断攀升，最大的障碍和阻力来自两个方面：一个是"玻璃天花板"，另一个是"脚底失控坐滑梯"。

玻璃天花板：与企业岗位设置的瓶颈现象有关，更多的是员工个人业务素质无法进一步提升，就像一块看不见但存在的透明玻璃天花板，挡住了职业上升的步伐。

脚底失控坐滑梯：这是职场中的"滑铁卢"，工作失误出现事故，造成损失，受到公司处罚，结果被降级甚至开除，前面辛苦爬了多年的"梯子"，瞬间就白爬了。

相比之下，"玻璃天花板"尚表示事业达到了顶峰，而"坐滑梯"则是遭遇了事业滑铁卢，不仅不能保持在原地，还要顺着职业阶梯倒退若干年。况且，"玻璃天花板"并非真的打不破，只要痛下决心努力提高素质，事业的进步还是指日可待的。

夏天炎热，树叶挡住了太阳，一只乌鸦坐在树上，悠闲地纳凉。一只小兔子看见乌鸦，就问：我能像你一样整天坐在那里，什么事也不干吗？乌鸦答道：地上树荫里也很凉快，你为什么不像我这样坐着呢？于是，兔子来到树荫里，像乌鸦一样坐着休息。突然，一只狼出现了，猛地扑向兔子并把它吃掉了。

这个故事的寓意是，怎么坐（做）无所谓，关键是必须坐（做）得安全，这是职业生涯中关键的一条。

1.3 职业生涯的隐患及安全建议

职业生涯的建立期、职业中期、职业后期，都会遇到各自阶段的安全问题。

新手期的生疏感：刚入职的新手最大的安全之敌是生疏。最初进入工作岗位，由于不熟悉，很容易发生事故，要做的就是熟悉业务，提高技能，认识岗位的风险，了解具体的漏洞在哪里，适应工作环境。

中场的疲惫感：干久了，难免会厌倦，容易注意力不集中，犯错的概率就大。尤其是干了 5 年、10 年后，工作的环境、职位、业务范围没有太大变化，更容易提不起精神，注意力不集中，造成疲倦、烦躁的心理状态。这个时候，事故便会乘虚而入。

后期的懈怠感：到了职场后期，进取心普遍不再强烈，考虑最多的是"维持"，只想安安稳稳地工作，但一不小心也会翻车。职业后期中的人绝不是企业的消极力量，他们积累了大量的工作经验，能够安全地走到现在，都有自己的心得体会。这是企业的一笔财富，可以让他们担当起知识传递者的角色，使个人的安全经验成为全体员工共同的岗位收获。

企业要做好员工职业生涯的安全管理，要引导员工认识到，无论什么时候，安全都是职业阶梯，更是职业生涯的坚实底线，是晋升的前提条件。

在这里我们有几点诚心诚意的小建议。

① 新手要虚心学习，多向老手请教。

② 职场老手要保持激情，小心疲惫感让你悲剧。

③ 临近退休了也要注意，别在懈怠中犯下大错。

④ 遇到"玻璃天花板"，别气馁，努力提升自己，总有突破的一天。

⑤ 脚底下抹油最要命，安全第一，稳住！

2 ── 别得意，你跟死神不是亲戚

2.1　死亡面前，人人平等

面对危险，太多人心存侥幸，觉得普天之下芸芸众生，天上掉下一块石头，怎么就正好砸在自己头上？

于是，工作中有章不循，不按制度办事，麻痹大意，粗心马虎，得过且过，想着只要把活干完就行了。

让他穿戴防护用品，他就会说："哪有那么多讲究？怎么就这么巧？就该着我出事故？"

遇到这些人，我们就很想问：你跟死神很熟吗？还是你们之间有约定？别人犯错他统统不放过，只有对你是一路绿灯？

他可能会回答："这是什么话？我怎么可能认识死神？他怎么会答应给我通融？"

如果是这样，最好还是小心为妙。

在这个世界上，什么最公平？法律、制度、自由、死亡。对公民来说，法律面前人人平等；对员工而言，制度面前人人平等；社会生活中，自由面前人人平等；人生在世，死神面前人人平等。这 4 种平等，只有死神面前的平等不需要任何条件。

死神公正无私，一视同仁。

死神对谁也不会网开一面。

2.2 "怕死"才是好员工

"怕死才是好员工！"在企业里，勇敢可不是好品质，员工的勇敢有可能葬送自己和企业。

20世纪70年代，一些企业工厂的墙上经常能看到"大干快上""有条件上，没有条件创造条件也要上""革命加拼命"之类的标语。由于缺乏严谨的科学态度，企业事故频发。出了事故，有人员伤亡，大家也不知道害怕。

就像小孩子怕狗，一看到狗就躲得远远的。同理，怕死怕受伤，员工保准提高警惕，积极识别危险，主动避险。

第二次世界大战时期德国生产的降落伞，质量合格率只有99.9%。这意味着每1000个伞兵中，会有1个人因降落伞质量不合格而丧命。可是，当厂商负责人被要求背着该伞跳一次后，奇迹发生了，合格率立马变成100%！

为什么呢？因为他怕死啊！

所以说，员工怕死，企业才能安全顺畅。不过，光害怕可不行，还要有科学管理。但从人力资源角度来说，害怕作为一种应激心理，能激发出员工的责任感和主动性，从而想方设法保证安全。

2.3 死神当道，单纯讨好有用否

死神面前，侥幸心理无能为力。

安全生产中迷信曾盛行，因为人一感到无助，就会失去信心，就想借助外来力量给自己壮胆。

问题是，在科技昌明的今天，有些企业还在推崇迷信，这就有点说不过去了。

迷信毫无用处，只是让你"心安"罢了。迷信能解决问题吗？

不能！

迷信改变不了客观规律，死神不会给任何人网开一面，神仙也不可能给任何人以宽大处理。

与其指望迷信保平安，不如从自身做起，重视细微差别，重视蛛丝马迹，消除隐患才是最重要的。

─ 3 ─　演好安全剧本，小错暗藏玄机

3.1　墨菲定律：可能出错就一定会出错

"说曹操，曹操到！"

"怕什么，来什么！"

我们这些搞安全管理的有一种职业病，只要情绪烦躁，立即就会浮想联翩：上次安全检查时，两台刨床漏掉了，莫非要出事？前些天，上技术措施时忘了隔离带，莫非要出事？这一阵儿，动力分厂的记录太完美，没有深究，莫非要出事……担心的结果就是：如果某件坏事可能会发生，它就一定会发生。

我们搞安全时间比较长的人经常聚在一起互相开玩笑：莫非，莫非，都是"莫非"惹的祸。

真巧，世上还真有墨菲这个人。他的全名叫爱德华·墨菲，墨菲之所以青史留名，是因为他在 1949 年开的一个玩笑，他认定一位同事是个倒霉蛋，就打趣道："如果一件事情有可能被弄糟，让这位同人去做就一定会弄糟。"

他真是"乌鸦嘴"。后来，这句话流传很广，扩散到世界各地。

在流传扩散的过程中，这句话逐渐失去它原有的局限性，演变成各种各样的形式，被称为墨菲定律，或者叫墨菲法则，具体如下。

其一，如果有两种选择，其中一种将导致灾难，则必定有人会

做出这种选择。

其二，凡有可能搞错的地方，一定会有人搞错，而且以最坏的方式发生在最不利的时机。

其三，凡事只要有可能出错，那就一定会出错。

其四，好的开始，未必就有好的结果；坏的开始，结果往往会更糟。

通常的一个规律是：如果坏事情有可能发生，不管这种可能性多么小，它总会发生，并引起最大可能的损失。

墨菲定律很好解释：如果客观上有着发生某种事故的可能性，不管发生的可能性有多小，当重复去做这件事时，或有某人按照错误的做法去做，事故总会在某一时刻发生。

3.2 大祸源自小错，铁钉毁掉帝国

在安全生产中，人们往往轻视自我的存在。

堡垒总是从一个小角落里被攻破，千里江堤也总是从一处开始决口，点燃导火索的都是小人物。

企业制定的制度，遵守不遵守，执行不执行，是要落实到每一个小人物身上的。员工的一个疏忽，一个习惯，就能让整个流程变成一场事故，毁掉一个企业，同时毁掉员工本人。

每个人在企业里的职位高低各异，但在安全面前不存在小人物。

钉子缺，蹄铁卸；

蹄铁卸，战马蹶；

战马蹶，骑士绝；

骑士绝，战事折；

战事折，国家灭。

这是一首外国的歌谣，说的是发生在 15 世纪的一段历史故事。

英国的国王理查三世继位不久，发生一场叛乱。在这场战争中，一枚钉子影响一个马掌，一个马掌影响一匹战马，一匹战马影响一个骑士，一个骑士影响一次战斗，一次战斗影响一场战争，一场战争输掉一个帝国。理查三世在被俘那一刻痛苦地喊道："钉，马蹄钉，我的国家就毁灭在这颗马蹄钉上。"

一枚钉子就能毁掉一个帝国，那员工的一个疏忽，一个动作会不会毁掉一个企业呢？肯定会。

员工不仅掌握着自己的命运，关系到自己的安全，还事关他人，甚至与一个企业的兴衰存亡有着莫大的干系。

每个人一定要认识到自己在安全管理工作中的作用，把它作为安全意识中最重要的组成部分。意识到自己在安全中的地位，才会感觉到肩上担子的沉重，才会理解企业各种规则制度的合理性，从而增强执行的自觉性。

3.3　管好自己，第一次就做对

自我管理看上去属于管理，但是管理学家却很少研究它，真正研究自我管理的是社会学家。按照社会学家的解释，自我管理就是"演戏"。

"人生如戏"，你天天上班的企业就是"舞台"，你就是"演员"。演得好，职业生涯就很精彩；出了事故，人生这出戏就演砸了。

学习技术、技能、业务知识，就是学习"剧本"。按照安全操作规程和制度规范"演"，才能"演"出安全。

"多重角色冲突不断，安全要求贯穿始终。"每个人都有多重角色，在家是好丈夫、好妻子，在单位又成了安全责任人、生产指挥者。这些角色有时和谐共处，有时会"打架"。

比如，设备出问题，停工检修影响工期。安全责任人和生产指挥者，哪个角色赢？也许赢了安全，也许赢了工期。但当你忽视、怠慢安全的时候，它就一定想办法让你注意到它，这个糟糕的办法就是"事故"。

管理学家菲利浦·克劳士比说："第一次就把事情做对（简称DIRFT）。"

理发店徒弟学功夫，"光头难剃"，师父拿西瓜让他练习。师父的孩子哭了、叫了、饿了、渴了，师娘总是喊小徒弟帮忙。小徒弟每次把剃刀往西瓜上一扎就过去帮忙了。

等徒弟学成，为客人剃头时，里屋孩子一哭，师娘还是叫他，他习惯性地把剃刀往客人的脑袋上扎去……

一开始就要按照规则做，养成好习惯。坏习惯就是隐患，早晚爆雷。

自我管理，不是推卸责任，而是承担责任。出了问题，谁的担子谁挑起，要勇于认错，勇于改过："是我某项工作没做好，才招致这么严重的结果。"

自我管理不是只管好自己，还要对团队负责。保证不伤害组织内的任何人，也是自我管理课题中应有之义。

4 从"要我安全"到"我要安全"

4.1 给"剧本"，搭"舞台"，"导演"攻略

安全管理可不是光靠上级的死缠烂打，让员工规规矩矩地执行就行了，关键在于让员工们发自内心地想安全。

从"要我安全"到"我要安全"，无论是跨国企业，还是中国本土企业，自我管理都是一个新课题。

自我管理是企业正常安全管理的一个组成部分，前提是企业的制度规范、管理科学、设施完善。

员工自我管理就是"角色扮演"，企业的安全制度操作规程就是"剧本"。企业不仅要有安全管理的制度，还应该在员工扮演"角色"的舞台上，到处体现安全管理的要求，无论是警示标志、告示牌，还是标语口号、宣传画等，只要是员工能够看得见的地方，都应该有所体现，让员工切实感受到安全管理的气氛。

安全来源于秩序井然，管理混乱是隐患的根源。

我们在深圳走访的一些企业，员工分为"三六九等"，从服装上就看得很清楚，穿马甲和穿西装的绝对不是一个等级。这些职业服装，就像唱戏的戏服，每个人穿上相应的服装以后，就会很快进入角色。增强角色意识和建立企业秩序互为因果。企业里人人进入角色以后，就会呈现井然有序的局面。

制度不会自动变成行为方式，需要不断地按照规范给被管理者

以刺激，具体刺激方式可以是正常的管理行为，如体现到工资收入上、奖罚上，甚至是职业生涯的阶梯进步上；还可以用活动、仪式的方式，不断地向员工强化制度对角色的要求，制度才能内化到员工的行动上。

最高管理者就是这场戏的"导演"，"导演"要不停地给"演员"说戏，"演员"们的行为才能适应角色。

4.2 首先保证自己不被伤害

不伤害自己，不伤害他人，不被他人伤害，保护他人不受伤害。"四不伤害"中，首先要做到自己不被伤害。

怎么保证？

比如，看见带电设备别乱摸。

再比如，操作机器的时候，得有自知之明，别拿鸡蛋碰石头。自己的技术水平如何，心里要有数，该找人帮忙就找人，别逞能。

千万别自负。今天安全生产了，不代表明天就不会出事。安全生产如履薄冰，自己得时刻保持警惕。

有个工人操作机器，结果不小心把手给伤了。问他怎么回事，他说："我拔掉了电源，可机器里还有电！"

众人一听，都纳闷了："电源都拔了，哪来的电呀？"

另一位工人上前解释："谁知道啊！反正他拍着胸脯说能干，结果还是把自己给伤了。"

这就是典型的自负！过于自负容易不计后果，事故就像一盆凉水，会让自负的人清醒。安全生产必须得实打实。

安全生产中的自我管理，指导思想有七个字：自爱自知莫自负。

自爱：珍惜自己的生命，别干傻事。

自知：认清自己的斤两，该后退就后退。

莫自负：虚心接受批评，戒骄戒躁。

只要做到这三点，就能保证自己不被伤害。

只有自己安全了，才能更好地保护他人。就像飞机上的氧气面罩，先戴自己的，再戴别人的。如果自己都晕了，还怎么救别人？

4.3　蝴蝶不要从我手中放飞

"自己安全自己管，依靠别人不保险。"这是某家企业送给我们的安全文化手册上的一句话。这句从工人中征集的格言，切中了很多人的症结。

一方面，是把自己的安全寄托在别人的身上，很多行人过马路闯红灯，就是对司机过于信任，甚至认为汽车不敢撞人。

另一方面，是对自己在安全中的作用缺乏重视，放任自己的细小失误。

蝴蝶是一种可爱的小昆虫，非常美丽。除了美丽之外，它扇动翅膀从你的身边飞过，你感受不到一点声音和一丝的风。可就是这么一个美丽的昆虫，有科学家发现它有无穷的力量。

1979 年 12 月 29 日，美国气象学家爱德华·洛仑兹在美国科学促进会演讲时提出："一只蝴蝶在巴西扇动翅膀，会在得克萨斯州引起龙卷风吗？"一只小小的蝴蝶扇动翅膀，扰动了空气，长时间后，从理论上说有可能导致遥远的地方引发一场龙卷风。科学家们给这种现象起了个好听的名字，叫"蝴蝶效应"，又叫"台球效应"。打台球也是如此，差之毫厘，就会谬之千里。

化工厂检修，一名工人没有按照规定使用扭力扳手拧紧螺栓，这是多么小的一个疏忽，恰如蝴蝶翅膀轻轻地抖动，可这个螺栓是固定法兰与反应釜主体之间的连接。这就导致法兰密封面在使用过程中磨损严重，致使法兰连接处密封性能下降，进一步出现反应釜内的高温高压介质泄漏，泄漏的介质瞬间充满整个车间，造成一名工人当场死亡、多人受伤。

企业生产中有太多类似的情况，一个小小的动作，一个大意的闪失，造成可怕的后果。面对这些细小的隐患，每个人是否能够非常有把握地说"'地雷'不是我埋下的，'蝴蝶'不是从我手中放飞的"？

─ 5 ─ **参阅：明星（STAR）自检**

　　人类历史上影响最为惨重的事故是核工业事故，因此，各国核工业企业均把安全放在至关重要的位置，创造出了许多先进的安全管理方法和工具。明星（STAR）自检是核工业企业运用多年的，在控制人因失误方面行之有效的班组和员工自主安全管理工具。

　　（1）什么是明星（STAR）自检？

　　作为自我检查与确认程序，STAR 是停（Stop）、想（Think）、做（Act）和查（Review）四个步骤单词的首字母缩写的组合。

　　（2）明星（STAR）自检的重要作用。

　　①减少人因失误。

　　②杜绝"想当然"意识。

　　③纠正操作中的偏差。

　　④改进不良工作习惯。

　　⑤帮助员工执行程序及各类作业指导性文件。

　　⑥改善安全生产决策。

　　（3）文件载体。

　　明星（STAR）自检过程须有可追溯的记录。核工业企业采用的明星（STAR）自检卡，操作人员根据岗位不同持有不同的自检卡。

　　（4）明星（STAR）自检的步骤。

　　1）停（Stop）：在各项操作以及作业前，必须明确下列事项。

① 作业的目的。

② 作业的分工、责任。

③ 潜在的风险、应变措施。

④ 工业安全要求以及防护要求。

⑤ 过往经验教训。

⑥ 潜在的人因风险。

2）想（Think）：在"停（Stop）"的过程结束后，已经明确各种事项的基础上，必须进行作业前思考与自检，具体内容如下。

① 有哪些工作步骤？

② 有哪些情况可能发生人因差错？

③ 如果发生问题，最坏的结果是什么？

④ 工作组人员足够吗？

⑤ 工作组人员是合格的授权人员吗？

3）做（Act）：在"停（Stop）""想（Think）"的过程结束后，已经明确各种事项、进行作业前思考与自检的基础上，必须进行作业前风险控制，具体内容如下。

① 确认作业前是否有演练？

② 是否在正确的机组 / 设备 / 系统（防止走错间隔）？

③ 区域内存在哪些风险（设备内部存在余热余压、坠落摔伤、触电感电、容器内作业中毒窒息等）？

④ 自己可能受到哪些伤害？

⑤ 所有的预防措施备足了吗？

⑥ 进行操作。

4）查（Review）：在"停（Stop）""想（Think）""做（Act）"的过程结束后，必须进行作业后确认，具体内容如下。

①运行人员执行安全措施之后，全面核对系统设备了吗？按要求完全隔离了吗？

②检修或维护人员工作结束后，是否仔细检查设备系统内部是否还有人员、工器具和其他物品？是否消灭了火灾隐患、切断检修电源？

③有其他的差错吗？

④需要修改文件、规程吗？

⑤是否填写不符合项、事件及做经验反馈？

（5）推行明星（STAR）自检注意事项。

1）考核保证。

出台制度，明确明星（STAR）自检的"停、想、做、查"四个过程中，自检责任人要在明星（STAR）自检卡对应栏目填写、签字，对确认项目负有安全责任，并纳入考核。

2）鼓励疑问。

当自检发现疑问时，必须有畅通的、可靠的汇报程序可供申诉。对管理者不受理或保持沉默现象，要追究责任。

3）改进管理。

明星（STAR）自检中，发现文件、规程存在与实际不符合时，除立即按照申诉程序汇报外，还应在明星（STAR）自检卡中做记录，管理者应对反馈信息做出响应，及时修订文件、规程，保持正确性。

第8章

为安全尽心，
免亲人伤心——情感管理

1 安全生产，关键在人

1.1 所有事故，都是人祸

人们经常听说，哪里发生一起事故，哪些地方出现了灾难。灾难和事故是不是一回事，它们有什么区别？

灾难和事故是不是大和小的区别？不是。人们可以说风暴袭击是一个地区的灾难，受到侵略是一个民族的灾难，但不能说灾难都是在地区、民族、国家这么大的范围内呈现的。对一个人而言，也可能会遭受无妄之灾，甚至灭顶之灾。

灾难和事故的根本区别在于，灾难是自然给的苦头，惹不起也躲不过，比如地震、海啸、龙卷风。而事故呢，则是人为造成的，诸如被电击伤、失火爆炸。

事故是人可控的因素没有被控制而导致的不期望发生的结果。人能控制的因素没控制好，造成了不想要的结果。

开车撞人的交通事故，对于开车的人是事故；对于被撞的无过错的行人，因为不是他可以控制的原因，所以是飞来横祸，是灾难。

事故分两类，一种是机器不给力，由物的不安全因素造成的机械事故；另一种是人为不给力，由人的不安全行为造成的责任事故。出现机械事故，有它本身设计的原因，或者是维护的原因，但归根结底都是人为原因。从根本上说，所有事故背后都少不了人的影子。

日本福岛地震引发海啸，接着发生了福岛核电站核泄漏事故。

日本国会"事故调查委员会"于 2012 年 7 月 5 日下午发表了共计 641 页厚的最终调查报告，将福岛核事故的根本原因定性为"人祸"，称是由于东京电力公司和日本监管当局的监督不力所致。用一句话来总结，所有事故背后的原因，都是人为因素，是人祸。

所有事故都是人祸，这是本书最重要的一个论断。

1.2　管行为必须管情绪

安全管理看到的都是"外壳"，制度是"外壳"，设施是"外壳"，甚至员工的行为也是"外壳"。什么是内核？它是看不见的东西，是左右员工行为的观念、情绪、情感。

相信大家都有过这样的经历：工作的时候一不开心，就容易犯错。小两口吵架了，上班路上堵车了，被领导批评了，这些看似无关紧要的小事，都会影响人们的情绪，进而影响判断和操作，分分钟就能酿成事故！

安全管理不能光盯着一堆冰冷的条条框框，还得管管员工的情绪。一个安全稳定的企业，员工士气肯定高涨，工作效率没的说，对安全准则是打心眼儿里认同，全身心投入，干活儿都带着激情！反之，事故频发的企业，员工情绪低落，整天疑神疑鬼，对企业没感情，工作敷衍了事，出事是迟早的事。

就像达·芬奇画的《蒙娜丽莎》，人们都认为蒙娜丽莎有种神秘的微笑。荷兰阿姆斯特丹大学和美国伊利诺伊大学联合研制出一种计算机"情绪识别软件"，经过检测，《蒙娜丽莎》画中的女人情绪构成为：83% 开心，9% 厌恶，6% 害怕，2% 生气。这个结论说明情绪这东西是藏不住的，它会反映在人们的脸上，人们的行为里，甚至人们的工作中。

有句话叫"管生产必须管安全"，因为所有事故都是人祸，所以可以推导出：管安全必须管行为，管行为必须管情绪，管情绪必须管情感。

情绪没管理好，行为也管不住。情绪互相感染，有人群的地方就是一个"情绪场"，情绪场会影响到在场每个人的行为。影响情绪本源的东西，是人与人之间的关系，是相互之间的情感反应。

作为安全管理者，得学会掌控员工的情绪。

1.3　管情绪必须管情感

在企业安全管理方面运用情感管理，找准员工的诉求点，需要从两个标准着手。

第一个标准，安全工作要做到"家"。

以人为本，不是一句模糊的空话，必须要关注员工个人，走进员工家庭。一个人在合影照里会首先寻找他自己，同理，一个员工在社会上闯荡时永远惦记着自己的家。

有位员工家里有个刚满一岁的孩子，特别可爱。他在高空作业时没系紧安全带，结果脚下一滑，差点摔下来。还好有同事眼疾手快一把拉住了他。事后，单位领导没劈头盖脸地训他，而是语重心长地跟他聊起了他的孩子。

"哥们儿，你要是真有个三长两短，你家小宝贝怎么办？他还没学会叫爸爸呢！"

那一刻，他眼泪都下来了，保证以后一定好好干，决不让自己出事。

这就是情感管理的力量。企业不是要员工做机器，而是要让他们发自内心地重视安全，让他们明白安全不仅是对自己负责，更是对家人负责。

第二个标准，在企业内培育出"家"的气氛。

每个人都是家庭生活的中心，家是个人的感情归宿，这是人之常情。所以，安全管理首先要站在员工"我"的角度，换位思考，采取有针对性的宣传和措施，使"我"能接受，"我"愿接受，从而变"要我安全"为"我要安全"。

还有个重要问题——情感管理的边界。

在成熟的法治社会，法律制度应该摆在最前面，接着才是讲道理。法律已经规定了的，明不明白其中的道理都要执行；在执行法律的前提下，再逐渐明白道理，从而心服口服；之后才是动之以情，让当事人心甘情愿地接受。

调动情感是为了让员工自觉自愿地执行制度，即制度优于情感。

制度和情感，两手都要抓，两手都要硬。

2 你可听见妻儿老小的悲鸣

2.1 爱情亲情，人人都有份真感情

企业讲感情，就要从情理上启发员工。

绝大部分人都相信感情，相信爱情，相信人间自有真情在。那么从感情的角度来看一看，你真的爱他们吗？期望他们幸福，还是希望他们痛苦？你愿意陪伴他们，还是想自己一个人先从这个世界上"逃离"，留下孤独无助的妻儿或老父老母？

一句话，爱一个人，就要负起爱的责任。

你站在家庭责任的角度，想过事故的后果吗？

后果很严重，真的很严重。对于伤者，可能失去的是光明，是行动的能力，是生活的信心。

你可能从此以后都需要家人的陪伴和照顾。作为一个劳动力，你不再能为家庭做出什么贡献，反而要忍心看到他们整天为你忙碌。

对于死者的家庭，一场事故意味着什么？意味着失去了一切。

我们在一期《当代人》杂志上看到作家曾颖的一篇文章《不要和农民聊矿难》，说的是几位电视台的记者在采访的路途中临时来到一户农民家，他们在向农民要水喝的时候坐着和农民聊天。聊天的话题是，某地又出现了煤矿事故，死伤多少人等，那位农民的爱人听着听着险些晕倒。后来记者们才明白，很多农民的儿子、兄弟、亲人在煤矿打工，每一次的矿难消息都牵动着他们的神经。所以，这些记者

得出结论：不要随便和农民朋友聊矿难。

　　你如果没有安全感

　　把安全带系上

　　信任是爱情最佳防护网

　　你如果没有安全感

　　把安全帽戴上

　　自信就不怕

　　……

这是 S.H.E 演唱的《安全感》中的一段，歌词把感情和安全连在了一起。

对于事故给家庭带来的不幸，我们参加工作不久就有强烈的感受。当时油田钻井公司工会负责处理伤亡丧葬一类的事情。每当发生事故以后，工会办公室人员不论岗位分工，全部投入事故的善后处理当中。

2.2　不堪承受的人间惨剧

有一年春节，某矿山井队发生了一起事故，有一个职工当场死亡。当时过年的气氛很浓，到处都是喜气洋洋，井队不敢让死者的家人一下接受这样残酷的事实。组织上把他们从老家接来，说他们的家人在工作中受了点轻伤。瞒了一路，但瞒着肯定不是办法。大家研究，在家人去医院见到遗体前，应该有人在中间点破，让他们知道，要不然到时候场面会没法收拾。

劳动保障干事把家属们安顿好后，工会的几个人陪同领导到招待所看望死者的家属。死者的父亲蹲在门口抽着烟，母亲已经预感到不祥，躺在床上，妻子则坐在沙发上愣神，不会走路的孩子两行鼻涕流出老长，没人能顾得上他。领导们刚进屋，一家人就围上来问：为什么不让我们去医院？为什么让我们住在招待所里？领导们解释的理由无非是说，医院离得远，明天上午带你们去医院。

看到他的父亲满头的白发，弯曲着的脊背，老人忙碌了一辈子，现在是多么需要儿子替他来撑起这个家。

看到他的母亲从床上坐起时，双肩已经在颤抖，怎么让她承受含辛茹苦二十几年带大的儿子已经离去的晴天霹雳。

看到他的妻子，曾经有的亲亲热热，甜甜蜜蜜，转瞬间已经没有任何机会再去体会。

还有那不满一岁的孩子，这幼小的生命，从此就要过早地品尝人生的苦酒，他的未来多么需要爸爸的肩膀遮风挡雨。

我们没有说什么，只是告诉他们要坚强，无论到医院看到什么都要挺住。

一家人立即惊恐地抢着问我们：怎么了？到底怎么了？

几分钟后，我们才对着那位孩子说出了最后的真相：小朋友，如果你再也见不到爸爸了，不要哭，不要哭，还有叔叔、伯伯、哥哥会帮助你。一家人这才验证了他们的担心。一时间，做父母的白发人送黑发人，哭天喊地；做妻子的生离死别，痛切哀号；还有那孩子懵懵懂懂，见大人们哭也惊吓得哇哇大哭……

这哭声，撕心裂肺，极其悲凉。

2.3 惨剧在一个又一个家庭上演

那之后的几年里，我们参与处理了多次事故，但是第一次事故死难者家属的悲痛哭喊，总是在我们耳畔回响。

有一位作家叫刘庆邦，是写煤矿题材出名的。他说："一个矿工的死亡所造成的精神痛苦是广泛的，不是孤立的；是深刻的，不是肤浅的；是久远的，不是短暂的。""我们通常衡量一场事故的损失，是以'直接''间接''经济''万元'等字眼作代码的。我一直不甚明白，一个生命的死亡算不算经济损失，如果算经济损失的话，生命是怎样换算为经济的，或者说怎样换算为'万元'的，换算的依据和标准是什么？"

讲道理是让当事人不愿意出事故，动感情是让员工不忍心受伤害。以情动人大于以理服人。

3 生命不仅仅属于自己

3.1 不会自爱，事故分分钟教你做人

人人都要自重自爱。出现事故，受到伤害，住进医院，那种痛苦的感受是很多健康的人体会不到的。

有一家医院设在一个工业镇上。整个镇有70多万人口，这70万人中主要是打工人。他们在日常工作中经常发生事故，最典型的是手部受伤。每个人受伤被送到医院，就等于进了人体修配厂，医生动用的工具有螺丝刀、钳子、锯、电钻等。伤者躺在手术台上就像一件家具、木器在接受修理，没有选择权。

爱惜自己的生命，珍惜自己的健康，这是自爱。范围稍微扩大一点，我们得探讨一下自己的安全和家庭的关系，因为家是安全的屏障，是每个人弥留之际最后的牵挂。

3.2 轻视风险，是否问过给你生命的人

"你的生命不仅属于你自己。"命不属于自己，很奇怪吗？

请注意，我们说的命题里有一个"不仅"，就是说，命还是你自己的，但又不仅仅是你自己的。

当人们在工作中轻视安全，置自己的安危于不顾时，是否想过，这样的后果会给父母带来怎样的痛苦？

父母给了孩子生命并抚育其长大，无私地给予孩子全部的爱。

他们用青春换取孩子的成长，用皱纹见证孩子的成熟。他们最大的心愿就是孩子平安、健康地生活。

然而，当孩子轻视安全，以身试险时，却不知不觉地将父母的心撕裂。当事故发生，当孩子躺在医院的病床上，受尽病痛的折磨，甚至永远地离开父母时，他们的世界将瞬间崩塌。

某年初春，一名年轻的工人因为忽视安全操作，不幸卷入机器，他的父母悲痛欲绝，白发人送黑发人的辛酸让在场的人无不为之动容。

彼时，工友们向他的父母讲述了他的工作情况，说他为了多挣些钱，经常加班加点，疏忽了安全防护。父母听着听着，原本苍老的面容更加憔悴了，他们老泪纵横，一遍遍地质问着："他挣再多的钱，又有什么用？现在命都没了！"

年迈的父母本该在儿子的陪伴下安享晚年，却因儿子的过失而承受着巨大的痛苦。他们无法理解，为什么儿子如此不珍惜自己的生命，为什么不在乎他们的感受。

他们一遍遍地回想过去的点点滴滴，责怪自己没有教育好孩子，没有让孩子们安全意识更强。他们自责愧疚，夜不能寐。

父亲强壮的身体瞬间垮塌，变得虚弱无力。他再也无法像以前那样有力地拥抱孩子。他的眼神中充满了失落和绝望。

母亲柔弱的心早已千疮百孔。她哭得泣不成声，撕心裂肺。她的笑容从此消失不见，只剩下无尽的忧伤。

孩子的一时轻视，毁掉的不仅是自己的身体，更是父母的余生。他们辛辛苦苦养育孩子，不是为了让孩子用生命去冒险。

每一次冒险，都是一次对自己生命的漠视；每一次侥幸，都是一次对父母的伤害。轻视风险，就等于轻视父母的恩情。当你选择了冒险，就等于选择了辜负父母的期待，选择了伤害他们的心。请不要让他们的心因你而碎。

3.3 忽视安全，是否想过靠你呵护的人

"对不住，我失约了。"

这是多少事故受害者留下的最后悔恨。

你荷尔蒙分泌旺盛，血气方刚，把安全条例扔到一旁，把风险危险视作寻常。是否只有钢筋水泥轰然倒塌，汽车失控碾压而过，机器运转失灵，你的生命戛然而止，或者疼痛难忍，挣扎在死亡的边缘却无力阻止的时候，你才意识到，事故背后不仅仅是数字和概率，而是一个个家庭失去希望。

为了赶工，你罔顾安全，双手被机器卷断。

当你忍受着剧痛被送到医院时，你的妻子守在手术室外，眼睛里满是绝望。她本以为你在单位勤恳工作，却没想到换来的却是支离破碎的噩耗。她怎么都不敢相信，那个曾经牵着她的手许诺一生一世的丈夫，如今却躺在冰冷的床上。她不敢去想象，没了双手的你，如何照顾这个家，如何为她撑起一片天。

为了省事，你绕过安全防护，却不幸触电身亡。

当你的妻子接到噩耗时，她眼前一黑，几近晕厥。她的世界仿佛瞬间坍塌，不知该如何面对年幼的孩子，不知该如何承担这个家。她清晰地记得，昨天你和孩子一起玩耍时，孩子天真无邪的笑容。可现在，这一切都随风而去，只剩无尽的悲伤和痛楚。

为了贪图小利，你违规操作，酿成工厂爆炸。

当你从废墟中被挖出时，你的孩子正焦急地等待着你的归来。得知你永远不会醒来的那一刻，孩子的世界崩塌了。他再也不能坐在

你的肩膀上看烟花，再也不能向你撒娇，再也不能和你一起过生日。他的人生，从此只有无尽的思念和遗憾。

在你轻视安全的时候，是否想过靠你呵护的人？

─4─ 你"安"，家才"全"

4.1 家，也有安全文化

给大家出个谜语：家在上头，好在前头，猜一个字。谜底是"安"！"家"字上头是宝盖，"好"字前面是女字旁，宝盖下面有个女字，这就是安全的"安"字。

先说这个"家"。

家是人们的避风港，也是安全的保护罩。从原始人进洞避险，到筑屋防兽，再到现代房屋，家是什么？

家是安全的一道屏障。

别小看家的安全文化，它很厉害，不仅影响到人，还影响到家里的小动物。你把猫狗送出去很远，它都可能找到回家的路。

再来讲"女人"。

鸡鸭来到世界之前，蛋壳是它最安全的地方。同样，女人的子宫，也是孩子在第一声啼哭之前最安全的地方。

孩子饿了、渴了、疼了、痒了，首先想到的是妈妈。长大以后遇到危险，惊慌大喊"我的妈呀"。对父亲的感情，是对母亲感情的迁移。

《孝经·开宗明义》提道："身体发肤，受之父母，不敢毁伤，孝之始也。"孝顺父母的人，在工作中应具有天然的责任感，不能让父母接受白发人送黑发人的痛苦。

这个"女人"，还应该包括女友、恋人和妻子。出现感情危机时，不仅危及家庭，还危及工作、危及安全。

家是情感的主要来源。家庭感情良好是让员工注重安全、留恋人生的"铁锁"。

4.2　《好了歌》：有你才有家

你为这个家积累了财富，你的家可能值 10 万元、100 万元，甚至更多。排在第一位的是你，你的生命安全是"1"。有了前面的"1"，后面的"0"才会有价值；如果没有这个"1"，那再多的"0"都只能等于"0"。

就像《红楼梦》中那首《好了歌》唱的："世人都晓神仙好，只有娇妻忘不了！君生日日说恩情，君死又随人去了。"

你没看到，丈夫工伤死亡，而妻子年纪轻轻，孤身一人，保媒的就特别多。

我们曾经处理过这样一起工伤事故。一位死者留下了一个年轻的妻子和 5 岁的孩子，还有年迈的老父老母。老人怕儿媳妇改嫁，孙子随别人的姓，便强迫儿媳妇做了不改嫁的保证。但是，两年以后，老人担心的事情还是发生了。

人死以后，妻子或者丈夫另嫁或者另娶，都是人身自由。

你活着，家才完整；你活着，生活才会美好。

4.3　家是你安全的动力源

家庭和安全息息相关，而且你的家人也有责任让你在工作中安全无虞。为什么呢？因为家庭对你的情绪影响巨大，而情绪又会直接影响你的工作状态。

家庭和睦，工作顺利。要想家庭和睦，夫妻关系和谐是关键。处理夫妻关系，我们来给你支支招。

第一招：捧男人。你得捧着他，越捧他责任心越强。

第二招：哄女人。女人比较感性，你得会哄她，逗她高兴，越哄她越爱你。

"男人靠捧，女人靠哄。"记住，结婚就等于接受了对方的全部，优点缺点一起打包。别想着一厢情愿去改造对方，那叫吃力不讨好。

"忍一时风平浪静，退一步海阔天空"，这才是夫妻相处的最高境界。

我们讲的这些可是员工安全心理的硬道理，也是精神文明建设的标杆。

现在，不少企业都意识到了家庭的重要性，还专门聘请了家庭协管员。思路是好的，但企业得让员工们真正认识到家庭的力量。

各位管理者、安全工作者，是时候好好思考一下家庭在安全中的作用了。用最朴实的语言，把你们的观点想法告诉员工，只有一个目的——让他们从内心深处担负起安全的责任。

─5─　参阅：社会再适应评定量表

　　霍尔姆斯和雷赫在 1967 年对 5000 余名美国人进行了关于生活事件（指造成人们生活上的变化、并要求对其适应和应付的社会生活情境和事件）对健康影响的调查研究。他们将当时美国人生活中常见的 43 项生活事件列成表格，把每一项生活事件引起生活变化的程度或达到社会再适应所需努力的大小，称为生活变化单位（Life Change Unit，简称 LCU），以此反映心理应激的强度。

　　配偶去世引起当事人生活变化的程度最大，所以规定配偶去世的生活变化计量单位为 100，其他生活事件的计量单位由每一位被调查者与前述标准对比参照自评，最后获得了被调查总体对 43 项生活事件自评的"生活变化单位平均值"，并由大到小按次序进行排列，编制了一张包括 43 项生活事件及相应的生活变化计量单位的目录表，称为社会再适应评定量表（SRRS），如表 8-1 所示。

　　霍尔姆斯对经历了不同事件的人进行多年的追踪观察，认为生活事件与 10 年内的重大健康变化有关。如果在一年中，LCU 超过 200 单位，则发生疾病的概率增高，如果 LCU 超过 300 单位，第二年生病的可能性达 70%。

表 8-1　社会再适应评定量表（SRRS）

序号	事件	分值	序号	事件	分值
1	配偶去世	100	23	子女离家	29
2	离婚	73	24	吃官司	29
3	分居	65	25	个人杰出的成就	28
4	入狱	63	26	配偶开始或停止工作	26
5	亲密的家人去世	63	27	学业的开始或结束	26
6	自己受伤或生病	53	28	生活水平的改变	25
7	结婚	50	29	个人习惯上的修正	24
8	被老板解雇	47	30	和上司相处不好	23
9	婚姻的调和	45	31	工作时数或工作条件的改变	20
10	退休	45	32	搬家	20
11	家人健康的转变	44	33	转校	19
12	怀孕	40	34	娱乐的转变	19
13	性功能障碍	39	35	教堂活动的改变	19
14	新生儿诞生	39	36	社交活动的改变	18
15	工作变动	39	37	贷款（少于1万美元）	17
16	经济状况的改变	38	38	睡眠习惯的改变	16
17	好友去世	37	39	家庭联欢时人数的改变	15
18	从事不同性质的工作	36	40	饮食习惯的改变	15
19	与配偶吵架的次数改变	35	41	假期	13
20	贷款超过1万美元	31	42	圣诞节	12
21	丧失贷款抵押品的赎取权	30	43	轻微犯法	11
22	工作职责的转变	29			

从上表可以看出，人生最严重的生活变故莫过于配偶去世，故这一事件被列于首位。当然，如果发生事故造成残疾，离婚就是大概率事件了。离婚的打击被排在了第二位。如忽视安全，因肇事罪入狱或受伤，都会严重影响社会适应。因工死亡对家人的打击也是非常沉重的。

第9章

想安全，
还要会安全——技能培训

1 — 素质太差酿事故，知识不足是隐患

1.1 学习比小心更重要

进入工业社会后，各种各样的机器设备像雨后春笋似地冒出来，事故伤害也跟着水涨船高，搞得大家人心惶惶。

有人说了，"小心点不就行了？"这话听得我们直摇头。

小心确实是好事，但光小心可不够！

小李平时干活挺勤快的，就是有个毛病——不太爱学习。他觉得那些安全操作规程、化学知识，都是些枯燥无味的东西，学它干吗？反正自己小心点不就行了？

这天，小李像往常一样往反应釜里加原料，突然，他发现加料口有点堵塞。他看了看周围，发现有一根铁棍，就随手拿起来，准备捅一捅加料口。

旁边一位经验丰富的老工人看到了，吓得脸色大变，赶紧大喊："快停下！那是铁制的工具，不能用在反应釜上！"

"谁说的？别骗我。"

"你平时就不学习吗？你不知道可能引起爆炸吗？"

小李一听，顿时吓得魂飞魄散，赶紧扔掉铁棍。幸好……

预防工业事故，小心还不够，重要的是学习！你得了解工作环境、危险因素，知道自己该遵守哪些安全职责和操作规程，还要会些基本的自救互救方法。别觉得那些知识枯燥烦人，只有学了你才会明白。

1.2 培训是最大的福利

"很多事故是因为当事人素质太差。"一些人可能觉得这句话刺耳，但事实正是如此。

山东省平阴县发生一起事故，一个工人正在清扫搅拌机，他的伙伴合上了电闸，结果发生了惨剧。事故调查时，肇事者竟然说："不知道后果会这么严重。"

每个家里都有洗衣机，家长尚且教育孩子，手在洗衣机里不能开动电源。难道他的上级不教育？难道他就不知道这是常识？

"培训是最大的福利"，这是企业界近年来新的认识，用在安全管理上更为恰当，哪一个企业都很适用。

然而，有些企事业单位在进行安全管理时，压根儿就没有想到培训这回事。

"培训不到位，是最大隐患。"

我国第 18 个"119"消防宣传日过去不到一周，上海商学院学生违规使用"热得快"引发火灾，致使 4 名女生死亡的惨剧发生后，各地高校闻"火"而动，亡羊补牢，纷纷严查宿舍违规使用大功率电器。

北京航空航天大学的做法是请消防人员演示"热得快"接触物品后容易导致的危害：十几秒的时间，矿泉水瓶周围开始弥漫一股焦煳味，一分钟的时间，靠近的报纸就被引燃。有学生说：我身边很多同学都用，我回去一定宣传，太危险！

虽然我们强调安全培训是企业应尽的责任，员工更应该有清醒的认识，知道培训最终的受益人是谁。员工要有强烈的学习愿望，要知道安全技能是一个人的基本素质，"知识才是护身符"，单纯"想安全"没有用，还要"会安全"。

1.3　能力决定平安

事故就是洪水猛兽，一旦袭来，给你的反应时间往往不会超过3分钟！

冷静和消极，果断和慌乱，有什么区别呢？这要看行为的结果。行为正确不正确，关键是看平时的学习，是否熟悉预案，是否经过演练，是否掌握知识，知道怎么应急避险。

专项事故预案之外，我们总结了三招儿。

第一招，及时拿出解决办法。

事故初期，制止事态扩大是第一要务。发现"跑冒滴漏"，立即关闭阀门；电线冒火，果断切断电源；火苗燃起，瞬间拿起灭火器。动作要快，不能有迟疑。

第二招，量力而行，立即判断。

"打得赢就打，打不赢就跑。"事故发生以后，你必须迅速判断能不能控制住局面，做不到就赶紧跑，生命可是最金贵的。别以为逃命简单，那也是需要知识储备的。像地震来了，得躲进两堵承重墙之间或桌子底下。逃生时要特别注意，你选择的是不是一条生路？团队互助很重要，自救的同时别忘了救人。

"一次良好的撤退，应和一次伟大的胜利一样受到奖赏。"这是瑞士军事理论家菲米尼的话。

第三招，有必胜的信念。

事故就是一场战斗，在任何情况下都不能失去信心。求生的欲望，必胜的信心，是所有在灾难事故中创造奇迹的人所共有的特征。

任何详尽的制度、预案，都不可能完全包括所有的事故处理细节，很多时候需要现场人员灵活处理。"尽量避免事故扩大，减少损失"的原则大家都知道，实践中让人犯难的是，再怎么做都会有损失的情况下，该如何选？

我们告诉大家一个原则，为了避免大的损失，可以做出小的牺牲，这叫"紧急避险"。但有个前提，就是在无论如何都会造成损失的情况下才可以这样做。

2 岗位"时尚秀"：劳保装备你穿了吗

2.1 影视里的"酷"，现实中的"痛"

我们遇到过一位工友，眼睛上有个豌豆大小的疤。一问才知道，这是当年被钢水烫的。钢铁化成的水，那可是上千摄氏度啊！

我们就问，你怎么不戴眼镜呢？

他一脸无奈地说，刚从铸钢车间调到精密铸造车间，觉得杀鸡哪还需要用牛刀，没戴眼镜就上阵了。结果，差点一只眼睛失明。

在生产一线，我们看到不戴安全帽、不穿防护服的小伙子，就忍不住想上去给他个"爱的提醒"。

结果人家还振振有词，说戴安全帽不帅不酷："你看电影里哪个戴安全帽了？"

我们接着给他上课："不是人物不想戴，而是那时候条件艰苦，想戴也没得戴。现在条件好了，安全帽可是保命的东西，别为了耍帅丢了命。"

眼镜、帽子很重要，有些时候，防护服也不可少。

前文提到的小李，对一个反应釜进行投料操作。本来应该穿防护服的，但他觉得夏天穿防护服厚重闷热，行动不便，经常弄得浑身湿透，非常不舒服，常常只穿一件简单的工作服就上岗操作。

苍蝇专叮有缝蛋，祸害常由疏忽起，灾难多因麻痹生。有一次，一股意外喷出的化学液体突然溅到了他的手臂上。

小李顿时感到一阵剧痛，他急忙用另一只手捂住受伤的部位，但液体已经渗透进他的皮肤，造成了严重的灼伤，他被送进医院住院治疗。

穿衣戴帽，不是小事情。

2.2　劳动防护进化史：叛军竟因不穿"工作服"溃败

防护用品最早来自危险最大的战争需要。

早在秦朝的时候，秦始皇为了给将士们提供更好的保护，特地设计了一身盔甲。士兵穿上盔甲就像披了层铁皮，刀剑砍上去都只能"咣当"作响，根本伤不了人。

法国步兵以前戴的头盔看着像铁锅，其实就是能做饭的铁锅，但主要目的还是为头部提供防护。别小看了它，关键时刻可是能救命的！这"铁锅"往头上一扣，敌人的箭矢、石头等统统都伤不着。

战争中绝不仅仅是冒死拼杀，消灭敌人的前提是如何保护好自己。

在后梁时期，一支叛军攻打皇城，形势万分危急。可就在这时，效忠皇上的龙骧四军指挥使杜晏球发现叛军们居然没穿铠甲，没戴头盔！

他立马乐开了花，心想：这帮家伙也太不专业了吧，连工作服都不穿，这不是找死吗？

于是，他命令手下兵士们披挂整齐，一顿猛攻。叛军将士没有铠甲、头盔防护的血肉之躯，哪能抵得住刀枪剑戟的砍杀，很快就溃败了。

可见古代的防护用品可都是有大用处的。

现代工人更应该知道劳动防护用品的重要性。戴安全帽、穿工作服，这都是对员工的基本职业要求。在工厂里，随时随地都要穿戴整齐，这样才能确保自己的安全。

2.3 想要安全做得好，穿衣戴帽少不了

安全意识优秀的企业日常必备的安全用品包括安全帽、工作服、报警器、绝缘器材，一个都不能少！高空作业，安全带得系得非常紧，旁边还得有个戴着"安全监护"红色袖章的小伙伴守着，简直就是"双保险"。

穿上这一身装备，干活立马就有了那么点"专业范儿"。员工们精神抖擞，一丝不苟，规范作业，那些触电、高空坠落、重物打击、粉尘污染等危险，统统都避他们而去。劳保装备重要不重要？简直就是保命神器！

不过，还真有企业不把劳保装备当回事儿。

湖北省麻城市有位民工兄弟就因为没穿劳保鞋，结果钢板掉下来，把他的右脚给砸坏了。这下可好，他直接一纸诉状把施工队和建设方告上了法庭，结果呢？法院一审判决，施工队赔偿经济损失。施工队为了省那么点劳保鞋的钱，结果付出了代价。

所以，我们要告诉大家，劳保装备可不是闹着玩的。不光要照顾头，还得照顾到脚，从头到脚，全面覆盖。哪一点被忽视了，都会有代价。

总之，要想安全，就得先从穿衣戴帽做起。不管是普通员工还是特殊岗位，安全帽、安全带、绝缘防护品、防毒面具、防尘口罩等，只要岗位需要，一样都不能少。

---3--- **"任何速度都不安全"**

3.1　拉尔夫·纳德为你揭开美国汽车设计的秘密

"任何速度都不安全"，这样说是不是太绝对了？这个论断正是美国一部著名畅销书的名字。

这本书的作者叫拉尔夫·纳德，他在 20 世纪 50 年代就声称："很清楚，今天底特律设计汽车追求的是时尚、成本、性能和计算好的报废期，而不是为了安全，尽管每年有 500 万起车祸，死亡 4 万人，11 万人终身残疾，150 万人受伤。"

20 世纪 60 年代，他继续探讨，写出了《任何速度都不安全——美国汽车设计埋下的危险》，揭露底特律习惯性地将安全置于时尚和市场考虑之下。这本书使汽车安全问题迅速成为公众关注的焦点，并因此成为最畅销的图书，侧面推动了汽车安全运动。

安全运动推动政府制定了适用于一切机动车辆的联邦安全性能标准；联邦有权对安全缺陷进行调查和下令收回产品。

在政府的管制下，汽车公司更多的工程技术人才和资金将必须用于改善车辆安全，而较少用于无关紧要的时尚改观上。

"任何速度都不安全"，这句话永远都不过时。

3.2　炸蹶子的"怪兽"，要成为"忠实的朋友"

车辆就是座下随时都可能炸蹶子的"怪兽"，要让它成为你

"忠实的朋友"，我们教你平安之术，四句话：救命稻草抓住不放；千万不要你追我抢；美酒佳酿毒药穿肠；两车亲近不死也伤。

第一句"救命稻草抓住不放"，这根救命稻草就是安全带。安全带的普及也有拉尔夫·纳德的功劳。《任何速度都不安全》出版后，美国国会立法要求，汽车公司必须生产包括安全带在内的各种安全设备，从此，安全带成为所有美产汽车的标准部件。从20世纪60年代起，汽车都设有安全带，更多的人系安全带，大大提高了人在重大车祸发生时存活的概率。一些开车的和坐车的人，放着这么好的救命稻草不用，嫌麻烦，还要等着交警来管。

第二句"千万不要你追我抢"，不仅是提醒司机不要超速行驶，对坐车的人也一样，不能催促司机超速行驶。事情再急，也不能在马路上抢时间。"十次车祸九次快"，虽然现在建设了大量的高速公路，但是快有一定的限度，要根据路况、天气等因素而定，超过了一定速度，司机就会失去对汽车的有效控制，就是"奔命"。

第三句"美酒佳酿毒药穿肠"。汽车诞生以后，人们真正明白酒这东西竟是"双刃剑"，酒精愉悦神经的同时，也会造成判断失误，降低反应速度。

一醉酒司机驾车大摇大摆地闯过红灯。交警惊诧不已，忙驱车追赶，一前一后相距越来越近。

突然，前车一头撞在一棵大树上，停了下来。

交警："为什么刚才让你停车你不停？"

司机："我让它停都停不下来，你让它停就停下来了？你以为你是谁？！"

司机朋友对此可不能一笑了之，千万别再错把毒药当美味了。

第四句"两车亲近不死也伤"，这也是血的教训。如果汽车与汽车之间没有了距离，那么结果必定是惨痛的。"距离产生美"，我亲耳听到有司机说，"这句话谁说的？简直说得太对了！"

车距太近必危险。前面的车猛然停住，后面的车上前就"啃"，难怪有些车的后窗玻璃贴上醒目的标语："别吻我！"

3.3　人车和谐共处：行人安全新主张

前面都是对车里人说的，没坐车的行人也要当心。

你可能会说："哎呀，我又不是司机，我走路还能出什么事儿？"

那你可就大错特错了！要知道，司机走神管不住车的时候，行人就要倒霉了。

所以，行人也得学会几招避车大法，才能在马路上安全无虞。

第一招，"眼观六路，耳听八方"。别当低头族，走路不盯着手机，也别戴耳机，一不小心就可能跟车来个亲密接触。你得时刻注意周围环境，特别是雨雪天气，路面湿滑，车辆的制动距离会变长，你得预判，避免发生意外。

第二招，守规矩，遵守交通规则。这不是老生常谈，而是行人的基本素养。红灯停、绿灯行，过马路得走人行道，别跟车抢道。

第三招，见到车就躲。这不是让你"躲猫猫"，而是时刻保持警觉。看到车来了，别犹豫，赶紧躲远点。

总之，行人交通安全是一桩大事，别不当回事儿！行人得时刻保持警觉，用智慧和勇气来保护自己。记住我们的话：走路也要讲策略，优雅躲避车辆才是真豪杰！

4 防火防爆防污染

4.1 火源氧气可燃物，预防只需"三缺一"

俗话说水火无情，在城市生活中，火灾甚至重于水灾。一旦大火燃起就会迅速蔓延，扑灭困难。

因此要未雨绸缪，提前做好防火准备。

产生火灾主要有三个条件：火源，可燃物，使可燃物燃烧的氧气或氧化剂。所以，防火就得从这三方面下手。

首先，杜绝火源。摩擦生电、静电、雷电、电火花都是火源。火柴、电气焊、加热炉等都是明火。杜绝火源不仅要管住手、腿，还要管住嘴，按规程操作，按规定着装，不能自带火种，不能在禁烟区域吸烟。

其次，减少可燃物的堆积。家里别堆太多杂物，厨房里的油等可燃物都得摆放好。操作时，记得把火源和可燃物之间留出点空间，别给"火神"留机会。

最后，还要掌握防火通道的路线，学会使用各种灭火器材，一旦发生险情要能及时扑救。

出现火灾还要借助专业的消防力量，要会报警。网上有个关于报警的笑话。

"救人！救人！！"电话里传来了惊恐的呼救声。"在哪里？"119接话员问。"在我家。""我是说失火的地点在哪里？"

"在厨房。""我知道，可是我们怎么才能去你家呢？""你们不是有救火车吗？"

如何报火警，也需要进行必要的训练，具体操作如下。

报警时不要慌张，要熟记内线和外线的报警电话；尤其要说清楚起火的位置，即在哪个区，哪条街道，门牌多少号，或者哪个企业、哪个单位；说明白燃烧物是什么，火势大小，不要忘了留下姓名和联系电话，还要有人在路口接应和引导消防车进入火场。

火场人员要立即启动火灾报警装置和所有自动灭火设施，防止火势蔓延；疏散周围群众，组织受困人员逃生。

4.2　爆炸那点事，防火防爆两相顾

燃烧分四类：闪燃、着火、自燃、爆燃，一个比一个凶猛。爆炸是企业安全生产中需要十分注意的，在很多情况下，爆炸比火灾造成的伤亡和经济损失更为严重。

防爆需要学习，需要训练。

一队新兵将去执行任务。出发前，上尉介绍了当地情况，告知那里埋有地雷。

士兵问上尉："踩到地雷怎么办？"

上尉大为恼火："能怎么办？踩坏了照价赔偿。"

士兵不愿赔："那玩意儿自己会爆炸，能把你炸飞 50 米！"

上尉认真地说："这更好办了。你别等它炸啊，你们自己先腾空跃起 50 米，然后分散降落在方圆 100 米的地面上。"

士兵瞠目结舌。

面对爆炸危险可不能这样想当然或不知所措。

其实，防爆的秘诀就在于"防"字。

第一，防明火是防爆的重点。但是，别以为没有明火就不会出事，摩擦、撞击都可能迸发火星，成为爆炸的罪魁祸首。

第二，勤保养设备，按要求添加润滑剂，还要维护好各种安全自控设施。搬运易燃易爆品时，记得要轻拿轻放。

第三，进入易燃易爆场所，千万别穿带钉子的鞋，也别用无线通信设备。这些看似很小的事，其实都是防爆的关键。

为了防止爆炸，各个企业都制定了很多规章制度，对温度、压力、加料速度、加料比例、加料顺序、原料纯度等工艺指标进行了限定，在生产过程中都必须无条件地执行。

4.3 污染毒气都得防，职场安全"新姿势"

火灾爆炸，十次有九次会释放有毒气体，造成污染。而设备泄漏引起的污染，遇到火种，如果是可燃物，又会造成火灾。很多企业的安全和环保部门是一体的，防止污染和中毒与预防生产事故同样重要。

其实，污染本身就是事故，不仅破坏环境，还可能对员工的生命安全造成威胁。火灾爆炸中，浓烟等有毒气体比大火更容易致人于死地。浓烟中的一氧化碳无色无味，吸入者会丧失逃生能力。

不要觉得防毒面具不好看，需要的岗位必须得重视起来。

生产中要严防"跑冒滴漏"，不要有"家大业大滴点漏点没什么"的想法。防止"跑冒滴漏"，不仅是节约成本的问题，而且是填堵摧毁千里"大堤"的"蚁穴"的重大防护举措。

我们在这里奉上防范口诀。

防污染，防毒气，环保安全要牢记；

工作场所要清洁，污染源头要严控。

设备维护勤检查，泄漏风险早预防；
危险废物妥处理，环境安全有保障。
防毒面具要备好，关键时刻能救命；
佩戴正确不马虎，防护效果更显著。
通风设施要完善，毒气无处可藏身；
定期检测保畅通，空气新鲜人精神。
培训教育不可少，安全意识要提升；
应急预案常演练，遇险处置更从容。
污染危害要认清，生命安全放第一；
防污防毒不懈怠，平安工作乐开怀。

5 远离办公室"隐形杀手"

5.1 办公室隐患，可能刷新你三观

很多人觉得办公室是个相对安全的小天地，这里既没有工厂里的重型机械，也没有马路上的车水马龙。但我们要告诉你，办公室里的安全隐患可不少，一不小心就可能让你"栽跟头"！

记得有一次，我们受邀去一家商管企业做安全管理培训。一进大楼，我们就被那里的办公氛围给吸引了——年轻的面孔、忙碌的身影，每个人都沉浸在各自的工作中。然而，我们在观察的过程中，却发现了一些让人担忧的现象。

我们发现许多员工在办公桌上堆满了各种文件和资料，甚至有的电脑屏幕都被挡住了大半。这不仅影响工作效率，还埋下了安全隐患。比如，一旦发生火灾，这些堆积如山的纸张很可能成为助燃物，加剧火势。

我们还注意到一些员工在午休时间喜欢在办公区域使用电热水壶烧水。虽然这看似方便，但一旦忘记关电源或水壶倾倒，就可能引发火灾。

此外，有些员工为了省事，把烟蒂随手扔在废纸篓里，这也是极易引发火灾的行为。

针对这些问题，我们立即向企业的管理层反映了情况，并提出了一些具体的改进建议。比如，定期清理办公桌上的杂物，保持办公

区域的整洁；加强员工的安全意识培训，让他们了解火灾的危害和预防措施；在办公区域设置明显的安全警示标识，提醒员工时刻注意安全。

经过一段时间的整改和培训，我们发现这家企业的办公安全状况有了明显的改善。员工们的安全意识得到了提高，办公区域也变得整洁有序。更重要的是，他们开始主动参与到安全管理中，共同维护一个安全、和谐的办公环境。

5.2 办公环境，值得"小题大做"

杜邦公司为什么要把铅笔笔头朝上放？没错，就是因为它可能是个安全隐患！还有，楼道里跑步很容易滑倒！抽屉开着不关？小心撞到脑袋！

办公室里的安全隐患还有很多，比如上下楼梯不靠右走，那你可得小心，别跟别人撞个满怀；上下车不弯腰，小心你的脑袋撞到车顶；长时间对着电脑、手机，干眼症可不会放过你；更别提那些未熄的烟头，一不小心扔进废纸篓，容易引起火灾。

所以，办公室安全可不能忽视！现在好多公司都在做办公室人员的安全预案。有一次我们出差，目的公司就提醒我们，出门别带太多贵重东西，贵重物品别放在身上，免得成了小偷的"目标"；尽量别一个人走偏僻的小路，结伴而行才安全。

5.3 办公族必备：健康与安全并行不悖

办公室可是个神奇的地方。你每天在这里埋头苦干，不知不觉就可能被各种"隐形杀手"给盯上了。身体明显消瘦或发胖，记忆力减退，提笔忘字，睡眠质量不高？这其实都是身体在告诉你：得注意办公室安全啦！

首要任务是进行危害辨识。简单来说，就是要像侦探一样，找出办公室里那些可能危害你健康的"罪犯"。比如光线、电源、电脑辐射、通风情况等，都得一一检查，别忘了还有那些无处不在的细菌。

找出"罪犯"后，就得有针对性地整改隐患了。比如，光线得柔和不刺眼，电脑屏幕不能直射；操作电脑时，鼠标得放在手臂不需要伸展的位置，这样才能保护你的颈椎和手腕；地面上不能有复杂的电线，消防栓也不能藏在文件柜背后。别忘了每天开窗通风换气，保持桌面、电话等共用品的卫生。

当然了，光注意这些还不够。你还得学会自我调节，每隔一个小时左右就起来活动活动筋骨，清醒清醒大脑。有条件的单位，还可以组织做做工间操、打打太极拳或练练瑜伽，这样既能消除疲劳，又能调节身心。

说到这儿，我们得提醒各位企业管理者一句：别觉得办公室安全就是小事儿一桩。重视员工的健康和安全可是体现企业人文关怀的大好机会。员工保持身体健康，不仅能减少缺勤率，提高工作效率，还能增强团队凝聚力，让组织气氛更活跃。所以，企业要在制度、时间、条件保障上多下点功夫，开展些有益于员工身心健康的活动才行。

希望各位职场人士都能把办公室安全放在心上，让健康和安全成为你工作的最佳拍档。身体是革命的本钱，可别让"职业病"给拖垮了。

6 参阅：工作座椅的标准

根据现行的国家推荐标准《工作座椅一般人类工效学要求》（GB/T 14774-1993），工作座椅应符合以下人类功效学的基本要求。

（1）工作座椅的结构形式应尽可能与坐姿工作的各种操作活动要求相适应，应能使操作者在工作过程中保持身体舒适、稳定并能进行准确的控制和操作。

（2）工作座椅的座高和腰靠高必须是可调节的。

① 座高调节范围在 GB 10000 中"小腿加足高"，女性（18 ~ 55 岁）第 5 百分位数到男性（18 ~ 60 岁）第 95 百分位数，即 360mm ~ 480mm 之间。

② 工作座椅坐面高度的调节方式可以是无级的或间隔 20mm 为一档的有级调节。

③ 工作座椅腰靠高度的调节方式为 165mm ~ 210mm 间的无级调节。

（3）工作座椅可调节部分的结构构造，必须易于调节，必须保证在椅子使用过程中不会改变已调节好的位置并不得松动。

（4）工作座椅各零部件的外露部分不得有易伤人的尖角锐边，各部结构不得存在可能造成挤压、剪钳伤人的部位。

（5）无论操作者坐在座椅前部、中部还是往后靠，工作座椅坐面和腰靠结构均应使其感到安全、舒适。

（6）工作座椅腰靠结构应具有一定的弹性和足够的刚性。在座椅固定不动的情况下，腰靠承受 250N 的水平方向作用力时，腰靠倾角 β 不得超过 115°。

（7）工作座椅一般不设扶手。需设扶手的座椅必须保证操作人员作业活动的安全性。

（8）工作座椅的结构材料和装饰材料应耐用、阻燃、无毒。坐垫、腰靠、扶手的覆盖层应使用柔软、防滑、透气性好、吸汗的不导电材料制造。

（9）工作座椅坐面，在水平面内可以是能够绕座椅转动轴回转的，也可以是不能回转的。

第 10 章

先处理心情，
再处理事情——自助训练

1 驾驭心猿意马，不要去建金字塔

1.1 事故频发，也许是你心态不佳

早在 1919 年，英国的格林伍德和伍兹对工业事故进行了一番深入研究。他们按泊松分布、偏倚分布和非均等分布进行了统计分析，发现工人中的某些人较其他人更容易发生事故。

1939 年法默和查姆勃等人提出了"事故频发倾向"理论，指个别工人具有事故频发倾向，他们的存在是工业事故发生的主要原因。

有些企业借着这个理论，把责任全推给工人，说什么"事故频发倾向者"就是麻烦制造者。

"瑞士奶酪模型"提出者詹姆斯·瑞森立即出来反对：将事故归因于单一的事故倾向，明明是设备问题或管理不善，怎么让他们来背锅？

究竟有没有"易出事故人格"？

杜邦公司前副总裁兼安全部门主管杰拉尔德·乔丹翻遍了公司的安全档案，得出了一个结论。

"我们对一小部分人进行了调查，发现他们身上发生意外工伤的次数多得有些不正常。很明显，除了倒霉、运气不好之外，还有某种因素让一个人在自己的职业生涯中遭受了如此多的意外伤害。究竟是什么东西在作怪，使这些人麻烦不断呢？答案就是意外事故的肇事者受到了某种病态心理的折磨。这种病态心理或多或少都存在于我们

每一个人身上，虽然彼此之间的严重程度并不相同，但的确是一个很普遍的现象……"

既然造成事故的心理问题是很普遍的，员工就要加强训练，调整心态到"充满电"的安全状态。只要控制好自己的心情心境，集中精力，相信一定能成为一个"事故绝缘体"。

1.2 定律的震慑：多行不义，必自毙

研究安全管理的人大多知道安全金字塔原理。

简单讲，事故就像一座金字塔，塔尖是惨痛的事故，而塔基则是无数个不起眼的小错误。

美国著名安全工程师海因里希，统计了 55 万起工伤事故，得出一个金字塔形事故模型：最下面一层是 30000 起不安全行为方式，在它之上会孕育出 3000 起被忽视的隐患，再上一层是 300 起可记录隐患，这些隐患会导致上一层 30 起严重违章。这些都是基础，"金字塔"的塔尖就是一起事故。安全金字塔原理如图 10-1 所示。

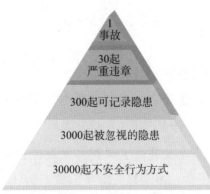

图 10-1 安全金字塔原理

很多人或许觉得安全金字塔原理、事故冰山理论没有什么，只是概率而已。

而概率是什么？概率是可能性。买彩票中头奖的概率极低，上千万人不重复地购买才会出现一个中头奖的人，可为什么很多人还要去买？是因为有一丝的希望。上千万分之一的微弱希望都令大家向往，为什么万分之一的危险很多人却不觉得是危险？

事故冰山理论相当于30000个人去抽签，每30000次抽签都要决定一个人会丢掉性命。这并不是说只有不安全行为达到30000次才会发生事故，就像买彩票，运气好的话，第一个人买就可能中奖。条件具备的话，第一次的不安全行为就可能带来一生的遗憾。

"不是不报，时候未到"，多次不安全行为必然要使行为人喝下自己酿造的"苦酒"。

1.3　苍蝇毁冠军，情绪误安全

事故爱跟脾气玩，脾气一来，福气就拜拜。拿破仑打遍欧洲无敌手，但他说最大的敌人是自己，还吐槽说："我就是战胜不了自己的脾气。"结果兵败滑铁卢。

什么是强者？《道德经》说："知人者智，自知者明。胜人者有力，自胜者强。"战胜别人算不了真英雄，真英雄要能战胜自己。

战胜不了自己，被一时一地的心理感受所左右，是很多事情变得糟糕的重要原因。世界台球名将路易斯·福克斯的故事可以说明这深刻的教训。

那是1965年的一场斯诺克台球冠军赛。他一路遥遥领先，只要再得几分就是冠军。这时候，一只苍蝇来捣乱，他挥手赶走，刚准备击球，苍蝇又飞来，赶了走，走了来，路易斯大发脾气，愤怒击球，方寸大乱，连连失利，最终与冠军失之交臂。第二天，人们在河里发现了他的尸体，他投河自尽了！

这位台球名将接受的只是技能的训练，没有接受心理的训练。

控制小情绪，降伏小脾气，才能在安全生产这条路上走得更稳、更远。

| 2 | **安全生产中的情绪智慧**

2.1　心脑博弈间，安全须当先

人分为两种，一种是被心指挥，另一种被大脑指挥。

被心指挥的人就是性情中人，干什么事都看自己的心情，心情好，什么事情都不在话下；心情不好，谁也不放在眼里。

前段时间我们到一家单位做安全检查，发现一个工人正在气鼓鼓地操作设备。我们一看就知道，他肯定跟人吵过架。

我们凑过去说："兄弟，干活呢，别生气。这设备本来就'脾气大'，你带着火气上，那可就是火上浇油啦。"

小伙子一愣，说："我刚跟同事吵了一架，有点烦。"

"烦归烦，可别拿安全开玩笑。情绪不好就先歇歇，调整好心态再来干。安全生产可不是儿戏。"

小伙子听我们这么说，也冷静了下来，去旁边坐了一会儿，缓了缓劲儿。等他回来，情绪平复了，干活也利索多了。

被大脑指挥的人，凡事都经过大脑过滤一遍。他做一件事情，怎么做，要看这个行为会有什么样的结果而定，这就是理性。

靠心情指挥的人不是企业需要的。企业需要的是靠头脑指挥的人，动脑筋想一想自己的行为会产生什么后果，会不会引发事故？如果不会，才是合理的行为空间。

2.2　情绪有隐患，失控酿祸端

凡事不经过大脑，由着性子来，跟着感觉走，就会成事故的"制造机"。放纵是百祸之源，事故就是百祸之一。所以，员工得学会控制自己的情绪，别让情绪"闹"出事故来。

说到情绪，最容易影响的就是工作，要是工作中大喜大悲，那举止还能正常吗？行动都不正常了，还谈什么安全？所以，得尽量保持一颗平常心，不能让情绪影响自己的安全。

工作中，有时候遇到点挫折、挨点批评，这都是正常的，得想得开，不能因小失大。要是心里老压着一块大石头，整天意志消沉，那可就危险了。要知道，无论是公事还是私事，都不能影响自己的工作。在工作岗位上要守好自己的阵地，集中精力干好工作。

那么，哪些情绪容易影响员工的安全呢？我们总结了一下，有以下几种。

第一种，只顾眼前不顾后果。这种人反应速度倒是挺快，但就像下棋不看三五步之后一样，他们的行为往往会给后面的工序留下隐患。

第二种，缺乏合作精神。他们总是特立独行，从不考虑自己的操作对别人的影响。

第三种，过激反应。一点小事儿就能让他们脑袋发热，什么制度、规程都抛到九霄云外去了。

第四种，缺乏荣辱意识。面对表扬和处罚都无所谓，这种麻木不仁的状态怎么可能做好安全工作呢？

情绪管理可不是小事儿，员工得学会控制自己的情绪，别让情绪成为事故的"导火索"。

2.3　极简情绪控制法

泼出去的水不会倒流，射出去的箭不能回头，说出去的话没有办法收回。

我们强调自制力，安全生产需要理性，员工要做情绪的主人。

如何增强自制力？

心理学家们花了很大的精力研究这个问题。实际上，人们不需要高深的心理学理论，只要坚持实践一些简单可行的做法就很有效果。

（1）提醒自己。

清朝禁烟大臣林则徐脾气很大，容易发怒，他在自己的书房墙上写了两个很大的字"制怒"。每当他要发脾气的时候，想发脾气的时候，看到"制怒"，就强咽一口气。用意志去驾驭你的情绪，甚至可以在岗位上写上一句提示语，比如"人要控制情绪，不能被情绪控制"，一看就能提醒自己："冷静点，别冲动！"

（2）释放情绪。

有时候环境不如意，工作不顺心，情绪难免会有波动。这时候，也别憋着，得找个合适的方式释放一下。找亲人、同事、朋友聊聊天，倾诉一下心声，给情绪找个出口。实在不想说，就到空旷的地方大声喊几嗓子，把心里的郁闷都喊出来。别让情绪一直憋着，憋成了"情绪炸弹"，对自身产生不好的影响。

（3）化苦为乐。

情绪管理实则关乎企业的安全生产大局。"苦乐皆由心生。"心态决定苦与乐。能苦会乐是做人的坦然，化苦为乐是智者的超然。

安全生产不是儿戏，不可放任情绪，在工作和生活中，要时常把行为和痛苦、欢乐联系起来，对于行为可能造成的损失，在大脑里预测、想象，反复地强化，就会因为恐惧而控制住自己的情绪，逐渐形成充满理性的行为。

─ 3 ─ 职场减压宝典：破解临界点事故

3.1 临界点事故：压力爆表的悲剧

压力不是坏东西。我们在油田听到过一句话："井无压力不出油，人无压力轻飘飘。"看来压力还真是个"好东西"，至少能让工作充满动力，方向感十足。适当的压力有益于身体健康，但这压力也不能太大，不然就像弹簧一样，压得太狠，它就"罢工"了。

我们现在要研究的是压力和安全生产的关系。

一般意义上的警惕性、责任感并不代表压力大，人们常说的"压力太大"，是指对完成工作产生的恐惧。不少企业抓生产有一个倒计时牌，上面的天数每天一换。员工看到倒计时牌后，大脑中这根弦越绷越紧，压力越来越大，最后就可能出现"临界点事故"。

所谓的"临界点事故"，就是快要达到目标期限的时候发生的事故。就像学生考试前夜突然发现自己没有复习，紧张得要命，结果第二天考试就犯了个低级错误。

每个经济周期中，煤炭最紧缺的时候也是煤矿事故相对多发的时期。对于一个企业也一样，抢工期、赶进度、加班加点连轴转的时候，也往往是违背操作规程最多的时候。

压力过大，人就容易心力交瘁，疲惫不堪，集中精力都成了问题，更别说保证安全生产了。长期这样，不仅心理会出问题，身体也跟着遭殃，慢性胃炎、高血脂、高血压，甚至恶性肿瘤都可能找上门来。当某人心理上、生理上都不再健康的时候，企业不能指望他行为上能够做得正确无误。

3.2　压力人人有：做好自己的压力管理

实际上，每个人或多或少都会感受到压力。

有人羡慕白领。虽然他们每天西装革履，表面上风光无限，但是经常加班加点，对着电脑愁眉苦脸，熬死无数脑细胞，更不要说颈椎病、椎间盘突出、鼠标手等职业病了。

有人说领导好当。"不当家，不知柴米油盐贵""不当家，不知当家难"，他们每天要面对多少棘手难题，不只是对外协调，直面市场竞争，而且对内管理，甭管谁出了事儿，他们都得担负一定的责任。

当然，广大的产业工人虽然不用整天对着电脑屏幕，可他们手上磨出的茧子和背上扛的重担，也是压力的体现。

对企业来说，员工的压力管理当然是影响安全的大问题。为了缓解员工的压力，西安杨森制药有限公司直接把心理医生请了过来，联想集团让专家指导大家怎么管理压力，大亚湾核电站直接给员工上了心理培训课。

我们出差的时候，看到过一个宣传口号："减轻工作压力，构建和谐厂区，保障安全生产。"这口号宣传得真在理，压力减少了，事故隐患自然也就少了，生产也更安全了。

人在职场就会有压力，也不要完全依靠企业，要学会自我压力调节，做好自己的压力管理。

3.3 运动也能减压？事实证明，还真有用

压力大也是隐患，时不时就来捣乱，找人诉苦不是好办法。

生命在于运动，打开"阀门"排解压力也要靠运动。

事实证明，运动锻炼可以排解压力。因此，我们参考了很多心理学方面的解释，并且一直在积极地体验，编了一套专用于缓解压力的减压术。

（1）调整呼吸。

人在压力面前会有一系列的生理反应，如心跳加速，呼吸急促。放松身体，做几个深呼吸，慢慢地把气体吐出，心情自然会平静许多，心跳也不会那么剧烈了，压力立即会得到舒缓。

（2）肌肉运动。

用意识控制肌肉，收紧四肢肌肉，然后再放松身躯。如此反复，是让身体肌肉运动在大脑中产生快乐物质"内啡肽"的办法，身体紧张了，精神反而轻松了。

（3）缓慢运动。

工作紧张、压力大的人，总感觉自己像上满发条的时钟，走个不停。倘真如此，可在某一阶段强迫自己打乱这种节奏，抽出哪怕半个小时的时间散散步，享受一下鸟语花香，看看忽视了的人物、建筑；也可以把目光放远一些，看看蓝天，看看原野。吃饭时，不要狼吞虎咽，而要细嚼慢咽，慢慢地品味，压力就会在不经意间遁于无形。

（4）静坐冥想。

如果不想运动，就找个安静的地方，坐下来，闭上眼睛，放慢呼吸，专注于自己的身体感觉。这种静止不动的方式，也能让自己神清气爽。

安全生产无小事，排解压力是大事。

┤4├ 想法决定活法，心智决定安全

4.1 安全修炼，你的心智模式该升级了

习惯养成性格，性格决定命运。但你知道吗？性格还能决定安全！性格就是一种行为逻辑，如果你管不住自己，等到条件成熟，事故就会找上门来。

那性格能不能改呢？西方的管理大师彼得·圣吉说过，性格是可以改变的，甚至一个企业的性格都能变。改变的方法，他用了个很东方的词——"修炼"。

如何开始修炼呢？先听我们讲一段经历。

在一家企业的总控操作间，按照制度，有人把设备仪器调整好以后，一定要有一个人来复核。

在操作和复核两个岗位交接的时候，我们问操作员："你能保证你的操作准确无误吗？"

操作员挺自信："我们复核人员都很负责，即使我操作有遗漏，他们也能够找出来。"

我们又问复核人员："你能够保证整个设备的安全吗？"

他说："操作员都很敬业，操作很少有遗漏。"

我们一听，差点没笑出来："你们都这么自信啊？"

他们看我们表情不对，一脸疑惑。

还是陪同的人反应快："谢谢你，谢谢你给我们指出了安全隐

患。我们怎么就没想到呢！"

操作员和复核人员的回答暴露出安全管理上的问题——他们都把安全寄托在另外一道工序上。这成为一种思维习惯，一种心智模式，从思想上已经对自己有所放松。一旦两个岗位都在放松的时候，事故就会如约而至。

所以，安全生产中的修炼，就是要改变心智模式，调整心理状态，任何岗位都要把心思放在安全上。

4.2　清零为进取，安全无满杯

人要安全，首要任务就是修炼空杯心态。

无论是在安全学习，还是开会听取领导的安全讲话，都应该有空杯心态。不要以为自己什么都懂，领导的讲话是老生常谈，都听过，这是一种自满情绪，会为事故埋下隐患的。

认为台上领导讲的是陈旧的观点，重复的讲话没法接受，这恰恰说明没有真正懂得安全的精髓。聪明人听了一遍又一遍，会把这些内容作为一次次善意的提醒、一个个亲切的关怀，这样才能学得进去，记得牢固。

人要有一个在成绩面前必须归零的心态。

在生产链条上，你可以平稳地度过一天、一个月、一年，但在一年结束之后，只要你还在岗位上，就要重新面对安全问题。过去的所有安全成绩，只是在写总结、向领导汇报时有用，对本人、对家庭、对岗位而言，一切的安全成绩只能算作零。

生产及安全管理人员的观念心态不能停留在过去的成绩上。故步自封只会让企业在安全生产的道路上步履维艰。以往的安全不能保证以后还会安全，过去警惕性高，今后仍然需要提高警惕性，过去模范地遵守制度，今后仍要做遵守制度的模范。

4.3　你对它怠慢，它就给你颜色看

安全真的很奇妙。你朝它笑笑，它就对你好；你一旦怠慢它，它就要给你点颜色看。要时常怀有一颗虔诚的、感恩的心，这在安全生产里常常被人们忽视。你怎么对待别人，别人就怎么对待你；你怎么对待安全，安全就怎么回报你。

有这么一位大哥，推着辆年久失修的破自行车就上路了。不知道自行车怎么得罪他了，他对着它就是一顿猛踹，然后跨上车就开始在路上横冲直撞。这样对待"座驾"，它还能好好为你服务吗？不出事故才怪呢！

军队里很多人把战马当作朋友，因为一匹马驮着战士的身家性命。很多战斗英雄爱枪如命，一杆钢枪擦得锃亮，即使一点灰也没有，他还要一遍遍地擦。

为什么工厂中很多人没有这个意识？对驾驶的车辆、操作的仪器设备，检查保养时敷衍了事，只是为了应付检查，好像做的这一切都是在为别人做，在为上级做，唯独没有想到，身边的设备就是伙伴，好好保养它，它才能够卖力；潦草应付它，它带病工作，惹恼了它，哭都来不及！

安全生产需要调整心态，改善心智模式很重要。孔子说："三军可夺帅也，匹夫不可夺志也。"美国西北大学理事会主席兼心理学博士史格特也说："决定成功与失败的原因，态度比能力更重要。"所以，想法决定活法，心智决定安全。

5 安全生产新体验，工作享受两不误

5.1 疲爱反比定律：越爱越兴奋，越烦越疲惫

一提到"安全管理"，很多人就头疼得像被蜜蜂蜇了似的。开会、学习、检查，这些字眼儿就像魔咒，让人听了心里直打鼓。如果你有这种认识，对安全管理很头疼，那你在安全管理上可就有点危险。

我们告诉你：越积极接受安全管理，工作越快乐，你也就越安全。

记住：工作态度决定安全状态。

疲劳是安全的大敌。我们有一个重要发现——"疲爱反比定律"。你越喜欢的工作，越不容易感到疲劳；你越讨厌的工作，就越容易累趴下。有些人干起活来跟打了鸡血似的，精神抖擞；有些人，还没开始干就嚷嚷着累，这不就是"疲爱反比定律"的最好例证吗？

对照"疲爱反比定律"，就知道为什么很多人是"干一行，厌一行"。一项工作干一段时间后，对各种刺激习以为常，大脑皮层由最初的兴奋转为抑制，多数人就没有了新鲜感。厌倦情绪一般是在从事一项工作3个月之后产生的。

仔细观察，你会发现总有一部分人在3个月过后还对工作充满兴趣，谈起工作神采飞扬，兴趣盎然。3年以后你再看这部分人，往

往都成了企业的技术能手、业务骨干，有些人更因此而成就了一番事业。

相对应的有一小部分人，不能驾驭自己的感受，任由厌倦情绪继续发展下去，发牢骚，工作漫不经心，甚至和制度对着干。这样的人，即使制度不处罚他，事故也会找到他。

5.2　付出还是享受，在于你的态度

安全源于责任，不是让你整天哭丧着脸，装深沉。在工作中"自得其乐"还是"自讨没趣"，是态度问题；被动地执行安全制度，还是主动地做好安全工作，背后也是一个心态问题。

安全完全可以变成一种乐趣，一种享受。

你得换个心态。当你在车间里制造工件，维护保养设备，其实是在跟机器"打情骂俏"，是在跟隐患"玩捉迷藏"。如果你每次成功辨识出一个隐患，是不是就像找到了一个宝藏，那种成就感和满足感，比打游戏通关还爽吧？

当然了，安全工作也不是一帆风顺的。有时候，事故就像个不请自来的客人，突然造访。不过事故来了，就要勇敢地面对它，找出原因，总结经验，下次别再犯同样的错误。记住，事故不是终点，而是你成长的起点。

没错，事故确实可怕，但正是因为它可怕，人们才更要重视安全，更要用心去做好每一项安全工作。

安全工作不是负担，而是一种享受。只要你用心去做，用心去体会，就会发现原来安全工作也可以这么有趣，这么有意义。

5.3 工作可以快乐，安全值得享受

我们多年来的感受是，工作是可以快乐的，安全是值得享受的。

在企业里，人们给安全以各种比喻。有人说，安全是"保护伞"。可是伞在暴风雨来临的时候只能遮挡头顶，却顾不了全身。

还有种说法叫"安全阵地"。可是无论是长城还是马其诺防线，在历史上没有攻不破的阵地。

在我们看来，安全是什么？

安全之于员工，就像过去有首歌唱的那样："鱼儿离不开水呀，瓜儿离不开秧。"员工是"鱼"，员工是"瓜"，安全是员工离不开的"水"，离不开的"根"。

安全就像空气，是人类须臾都不能离开的。没有了空气，人类会窒息，会死亡；没有了安全，员工健康也会受损，甚至会失去生命。

当你把安全看作空气，你在岗位上工作会是什么样的心情？不正是在清晨太阳初升时呼吸新鲜空气的那种感受吗？

你不是在为别人工作，不是在为别人生活，也不是在为别人安全。就像一句歌唱道："就算没有人为我鼓掌，至少我还能够勇敢地自我欣赏。"即使没有人给你肯定，没有人给你赞扬，你也要——快乐工作，享受安全！

6 **参阅：心情看板**（见表 10-1）

表 10-1　心情看板

姓名	☺	☺	☺	备注
×××				
×××				
×××				
×××				
……				

①心情可分为高兴、一般、不高兴三种，用磁扣表示。

②必须在班会前做好，悬挂于基层管理者的办公场所或为全员所见的场所。

③用于现场管理的辅助手段，也可用于操作岗位员工结成安全伙伴的提醒工具。

附录

作者安全言论摘录

答记者问

有一座山，满山都是猴子。开放旅游前，当地人曾捕猎猴子，猴子反应敏捷，要活捉猴子很困难。当地人就想了个办法，炒一些花生米放进玻璃瓶里，再把玻璃瓶放到猴子必经的路上。猴子在树上闻到了花生米的香味儿，顺着香味儿来到玻璃瓶前，迫不及待地伸手够。可是，手伸进玻璃瓶里容易，拔出来很困难。这个时候，躲在一边的猎人出现了。猴子舍不得丢掉香喷喷的花生米，带着玻璃瓶一瘸一拐地往前跑，还跑得掉吗？

猴子因为一点花生米丢掉了性命，很多企业、个人也是一样，因为短期的一点效益丢掉了安全，到头来失去了平稳的运行状态，失去了岗位，甚至失去了宝贵的生命。

——答《光明日报》记者提出的"安全和效益的关系"问题

与网友交流

就像"傻瓜"相机一样，《第一管理》是一本"傻瓜书"。我们所做的是，把深奥的安全理论通俗化，把枯燥的安全教育故事化，把先进的安全管理本土化，谁都能看明白，谁都能用，谁用都会起作用。

——做客新浪网名人堂回答主持人关于本书特点的提问

到企业做报告

你的家可能值 10 万元、100 万元，甚至更多。排在第一位的是你，你的生命安全是"1"。有了前面的"1"，后面的"0"才会有价值；如果没有这个"1"，那再多的"0"都只能等于"0"。房子是"0"，家产是"0"，丈夫是"0"，妻子还是"0"，儿子女儿也是"0"。做丈夫的，你死了，就像《红楼梦》中那首《好了歌》唱的："世人都晓神仙好，只有娇妻忘不了！君生日日说恩情，君死又随人去了。"

所以，你必须安全，必须好好活。

——赴南方五省区巡回报告时奉劝听众

后记

在血泪和伤痛中诞生的文字

至今，我仍然能够回忆起那天上午的情形：阳光灿烂，公路上铺满了金黄色。我们几个人在车上有说有笑时，意外发生了。我被甩到了正常行驶道和超车道之间。我隐约意识到自己被移到了路边，很多围观的人在说话，我不知道他们在说什么，阳光刺痛了我的眼睛，眼前浮现出奇异的光芒。不知道什么时候，我被抬到了救护车上。在车上，我得知同行的伙伴中已经有一位当场遇难，永远地留在了那里。

在深圳市宝安区的一家医院，经检查，我锁骨粉碎性骨折，骶骨骨折，右臂臂丛神经损伤，前胸后背多处受伤。我躺在床上不能翻身，在医院里租了一个气垫床。前胸后背受伤处愈合很慢，每天医生过来给我换药，我总能听到"刺啦"的声音，就好像在我的皮肤上撕扯，天天如此。

伤口的疼痛在其次，一直仰面躺在床上，浑身酸痛的感觉难以形容。我很想坐起来，但是不行。一天24小时都躺在床上，常常迷迷糊糊睡过去，忽而又醒过来，很多次，很多次，我在梦中坐了起来，真真切切地感觉我从床上坐起来，非常真实，但是很快又被疼痛再次拉回到现实中。我只能平躺着，无论是在病房还是在理疗室，无论是在麻醉间还是手术室，我眼前看到的永远是天花板。这个时候，我的胃也来捣乱。由于长时间躺在床上不活动，肠胃蠕动很慢，再加上服用的大量药物对胃部的刺激很大，我一口饭也吃不下去。亲人和朋友拿勺子喂我，我也只能吃一两口。吃饭是难题，排泄是更大的问题，卧床的病人很容易便秘，我也如此。家人把便盆放在我臀部下面时，我还有一个比其他病人更大的难处——因为骶骨骨折，我用不上力气，致使排泄每每失败。不得已，只有请护士来灌肠。每次灌肠都让我感觉到没有一点做人的尊严，隐秘的地方向外公开……

我的弟弟祁有金在我第一次手术前飞到深圳。作为一个安全管理工作者，他接触过很多的案例，也见到过不少事故的受害者，但这一次是以事故受害者家属的身份体会到护理病人的那份心情：焦虑、不安、恐慌，还有劳累。也就是在此时，我们两人有了对安全的第一次深入探讨。因为这家医院是广东省手外伤科研治疗中心，住着很多工伤患者，一些工伤患者的家属向祁有金咨询，他总是不厌其烦地回答。我也时不时以自身的体验帮助讲解，引来病友们的很大兴趣，甚至有病友的家属追到我的病房继续咨询如何预防事故。这是我们兄弟两人关于安全问题的首次合作。

从北京协和医院再次手术出院后，我长期处在治疗休养中，锻炼用左手写些文章。祁有金在深圳医院被工伤患者家属像"追星"一样关注之后，深有感触，一直在想如何让枯燥乏味的安全理论走进大众心中。在我们兄弟两人合作的过程中，祁有金被抽到中石化检查团赴南方油田、施工企业检查，有了深入对比各企业安全管理的机会。

本书在成稿过程中得到了多方面人士的帮助。在我国煤炭产量第一大省、安全形势最为严峻的山西省，长期关注安全生产工作的段建国先生和赵文春先生给我们提供了他们掌握的第一手材料，并给予了具体的指导。特别值得一提的是，原国家安全生产监督管理总局局长李毅中先生，在参加两会前夕，特地安排工作人员于 2006 年 3 月 2 日下午给我打来电话，转达他本人的意见，对我在伤痛未平的情况下写作表示鼓励和安慰，感谢我们对安全生产的关注和做出的努力。

　　本书的内容展示了"企管专业学不到的知识，企业会议讲不透的道理"，这也正是我们想要奉献给各位读者的礼物。我们希望用来自企业第一线的素材，站在理论最前沿的视角，用一种与普通安全管理书籍不同的表达方式，把真正对企业有用、员工关心的内容传达出去；让企业的各级管理者翻开这本书能够真正有所启发，让企业的广大员工从阅读这本书中有所感悟，让企业界少些事故，让员工少些伤痛。

祁有红

EXCELLENT COURSE OF
安全管理精品课程
SAFETY MANAGEMENT

安全意识培训

《生命第一：塑造本质安全型员工》

（课程时长：1天／6小时）

高层管理培训

《本质安全管理》

（课程时长：1天／6小时）

基层管理培训

《安全永远第一》

（课程时长：1天／6小时）

通用管理培训

《有感领导：安全领导力》

（课程时长：1天／6小时）

管理能力训练

《世界500强通用安全管理工具》

（课程时长：2天／12小时）

联系方式

课程咨询　王老师
13466691261